使用 **Scratch 3.0** 制作游戏！

编程真好玩

小朋友都喜欢的 Scratch 编程书！

[日] 冈田哲郎 著　　未蓝文化 译

U0244616

中国青年出版社

SCRATCH 3.0 DE GAME WO TSUKURO! SHOGAKU 1 NENSEI　KARA NO
PROGRAMMING KYOSHITSU

Copyright © Tetsuro Okada 2019

Chinese translation rights in simplified characters arranged with Socym
Co., Ltd.

through Japan UNI Agency, Inc., Tokyo

侵权举报电话

全国"扫黄打非"工作小组办公室
010-65233456　65212070
http://www.shdf.gov.cn

中国青年出版社
010-59231565
E-mail: editor@cypmedia.com

版权登记号：01-2020-3253

图书在版编目（CIP）数据

编程真好玩：小朋友都喜欢的Scratch编程书！／（日）冈田哲郎著；
未蓝文化译.－－北京：中国青年出版社，2022.1
ISBN 978-7-5153-6516-9

I.①编… II.①冈… ②未… III.①程序设计-少儿读物
IV.①TP311.1-49

中国版本图书馆CIP数据核字（2021）第171673号

策划编辑　张　鹏
执行编辑　田　影
责任编辑　王　昕
封面设计　乌　兰

编程真好玩：小朋友都喜欢的Scratch编程书！
[日]冈田哲郎／著　未蓝文化／译

出版发行：中国青年出版社
地　　址：北京市东四十二条21号
邮政编码：100708
电　　话：(010)59231565
传　　真：(010)59231381
企　　划：北京中青雄狮数码传媒科技有限公司
印　　刷：北京瑞禾彩色印刷有限公司
开　　本：787 x 1092 1/16
印　　张：22
版　　次：2022年1月北京第1版
印　　次：2022年1月第1次印刷
书　　号：ISBN 978-7-5153-6516-9
定　　价：129.00元

本书如有印装质量等问题，请与本社联系
电话：(010)59521188 / 59521189
读者来信：reader@cypmedia.com
投稿邮箱：author@cypmedia.com
如有其他问题请访问我们的网站：http://www.cypmedia.com

前言

从2020年起，编程被列入日本小学生的必修科目。在"面向孩子的学习排行榜"中，编程教育也是名列前茅。很多父母希望孩子能够掌握必要的技能，我也是一个有同样考虑的家长。而且在即将到来的AI时代，我认为编程教育应该被更多人重视。

但是，必须注意的是，过于关心孩子们的未来以及过于严厉地指导会产生负面效果。一切都是为了让孩子有一个幸福的未来，如果让孩子们感到痛苦的话，那就是本末倒置了。因此，在本书中，为了可以一边享受编程带来的乐趣一边学习知识，利用Scratch制作了实际可以玩的游戏。书中登场的孩子们，在编程教室与老师对话的过程中完成了10种游戏，一边动手，一边在制作游戏的过程中学习编程的思维。

为了让书中的游戏可以被简单地改编，脚本会尽量简化。另外，第2节课以后的内容对于低年级的小学生来说可能会觉得有些难度。如果作为学校的辅助教材使用的话，请仔细确认孩子们编写的脚本，然后进行相应的指导。如果能在编程的过程中发现并改进问题，会让孩子们有一个很棒的编程体验。

即使孩子们不能马上理解脚本的含义也不用担心，这是我自己通过每天的编程教育所感受到的，孩子的大脑处于发育阶段，相信经过一段时间一定能理解。即使其中有一节课的内容孩子们无法理解，也可以引用其他课上的游戏脚本，通过解说，帮助他们慢慢地去理解。

通过本书，孩子们会获得将来所需的必要技能。如果对孩子们的未来有所帮助，我会感到无比开心。

[日] 冈田哲郎

登场角色介绍

上井
(shàng jǐng)
爱好游戏，自大的小学四年级学生。受大学生哥哥的影响，对编程感兴趣。了解编程的乐趣并向伙伴们宣传推广。

洁月
(jié yuè)
上井的小学同学。和身为美术老师的母亲相似，梦想是当一名老师。被上井邀请去过编程教室之后，意外地发现了适合自己的地方。

阿甘
(ā gān)
他是个优秀的学生，因为作业经常上网查资料。最近，因为不满足于网络冲浪，想学编程，从而进入了编程教室。

久乐老师
(jiǔ lè lǎo shī)
大学毕业后，虽然在IT企业就职，但因为对教育行业的热爱从公司辞职。开设了编程教室，因收费低和亲切的指导受到了好评。

大翔
(dà xiáng)
上井的同学，喜欢玩游戏。虽然不怎么擅长运动，但在格斗游戏中很厉害。还参加了小学生的游戏大赛，将来的梦想是成为职业玩家。

旺财
大翔养的白色北海道犬。旺财很聪明，在孩子和父母眼中都很有人气。今年两岁，正是喜欢玩闹的年纪，有时喜欢恶作剧。

本书的学习内容

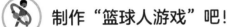

访问Scratch的显示画面以及
"创建""发现""创意"等画面

访问Scratch的显示画面

访问Scratch时显示的画面

❶ 第一次来的人可以在这里注册用户名和密码，快来加入吧。

❷ 已经注册过的人，可在这里输入用户名和密码登录Scratch。

❸ 想开始制作Scratch项目的人请按这里。

登录Scratch后显示的画面

❹ 如果想欣赏别人创作的作品，请按这里。

❺ 第一次来Scratch官方网站的人就按这里看看教程吧。

❻ 想知道Scratch基本知识的人，请按这里。

"创建""发现""创意"等画面

按下"创建"后显示的画面

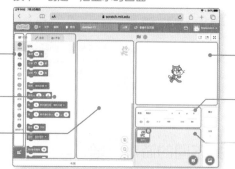

积木分类区：按用途将积木分为九个类别：运动、外观、声音、事件、控制、侦测、运算、变量、自制积木。

代码区：代码积木是程序的命令，代码区分别显示九个类别的积木块。

脚本区：脚本指的是程序，在这个区域使用不同类别的积木块制作程序。

舞台区：你可以在这个区域看到脚本程序的执行结果，单击"开始"按钮执行脚本程序。

角色信息区：在这个区域可以设置角色名称、位置、显示、隐藏、大小等。

角色区：这个区域可以显示所有使用到的角色，通过单击选择不同的角色分别为它们创建不同的脚本。

按下"发现"后显示的画面

展示"别人创作的作品"，划分为动画、艺术、游戏、音乐、故事等几个类别。

按下"创意"后显示的画面

这里准备了各种教程，可以改编角色和文字、制作音乐、故事和游戏等。

按下"关于"后显示的画面

这里介绍了使用Scratch的人、开发Scratch的目的以及使用Scratch的国家和学校。

三种模式以及
个人计算机版本和平板计算机版本的区别

三种模式：代码、造型和声音模式

代码模式的画面

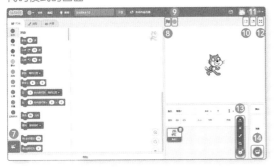

造型模式的画面

声音模式的画面

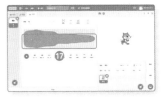

⑦**扩展功能**：可实现制作音乐、绘画、翻译等稍微复杂的功能。

⑧**运行按钮**：用于执行脚本。

⑨**停止按钮**：用于停止执行脚本。

⑩**区域放大按钮**：用于放大脚本区（缩小舞台区）。

⑪**区域缩小按钮**：用于缩小脚本区（放大舞台区）。

⑫**全屏模式按钮**：全屏显示舞台区的画面。

⑬**角色选择按钮**：用于选择、绘制或者添加角色。

⑭**背景选择按钮**：用于选择、绘制或者添加背景。

⑮**修改工具**：用于改变角色或背景颜色、方向等。

⑯**绘制工具**：用于绘制或修改角色和背景。

⑰**声音编辑工具**：用于调整声音的快慢、高低、音响效果等。

个人计算机版本和平板计算机版本

个人计算机版本的画面

计算机版的基本操作是"单击"和"拖放"。

基本的画面构成，计算机版和平板版都是一样的。

平板计算机版本的画面

平板版的基本操作是"触屏"和"拖放"。

不支持"文件"→"保存到计算机"。

熟练使用Scratch 3.0

1. 对应的浏览器

Chrome浏览器　Safari浏览器
（支持计算机和平板）（支持计算机和平板）

Firefox浏览器　Microsoft Edge
（支持计算机）　浏览器
　　　　　　　（支持计算机）

不能使用IE浏览
器哦！

2. 可以选择的语言环境

在这里可以选择不同
的语言环境哦！

3. 可以保存Scratch作品

不能保存在平板
计算机里。

4. 可以分享Scratch作品

制作的游戏可
以和全世界的
用户分享。

5. 可以查看教程

如果不太明白的
话，可以先看看
教程哦！

6. Scratch也有对应的桌面版

桌面版在没有网络
的情况下也可以使
用哦！

目录

第 1 课

制作『恐龙捕食游戏』吧！

首先，学习Scratch的基本操作和角色的移动方法。

真的可以
使用Scratch
制作游戏吗？

 听说在这里可以制作原创游戏，
是真的吗？

是的，小朋友你对编程有兴趣吗？

 听说在这里小学生也能做出原创
游戏，真的吗？

是的，当然可以！

真的假的？我的哥哥虽然在大学里学习编程，但是还没有做过游戏呢！

 哈哈哈，是吗？那么，从现在开始，你就可以学习使用Scratch这个编程工具制作游戏了。

 我？你是说我能学习编程？

对，就是你！

 哦，知道了……（还是不太相信的样子）

一起制作"恐龙捕食游戏"吧！

就是使用这个软件制作的。

扫码看视频

> 久乐老师正在给来到编程教室的上井介绍计算机上可以制作游戏的编程软件Scratch，上井好像开始动摇了。

 那么，应该使用什么样的计算机才能开始学习编程呢？

就是你眼前的这台计算机 。

 真的吗？

当然可以了。我们不仅可以在Scratch的官方网站上在线学习编程，还可以下载Scratch的桌面版本进行编程学习。之后的课程我们都会使用Scratch桌面版学习编程。

 啊！原来是这样！

 首先我们需要使用鼠标双击下载好的Scratch安装包 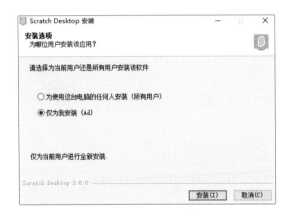 Scratch Desktop Setup 3.6.0.exe ，进行软件的安装。在"安装选项"的设置界面，你可以选择为所有用户安装，也可以选择仅为我安装。这里保持默认选项"仅为我安装"，然后单击"安装"按钮开始安装Scratch桌面版。

 接下来就是等待它自动完成安装吧！Scratch安装完成后，直接单击"完成"按钮就可以了，很简单吧！

 老师，我完成Scratch的安装了。

如果你看到下面这个画面，就可以开始编程了。

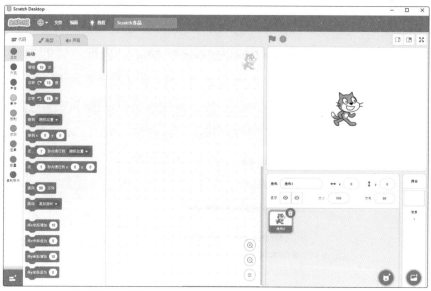

 很容易嘛！那么，要开始制作什么样的游戏呢？

对呀！我觉得刚开始可以尝试制作捕捉游戏比较好。

 捕捉游戏？

虽然是简单的游戏，但是只要花点工夫也能让游戏变得有趣。马上开始编程吧！

 好嘞！

虽然可以使用默认的小猫角色，但是这次我们选择使用Scratch 3.0中新添加的角色来制作游戏。

 什么是角色？
在舞台区显示的各种各样的图像。Scratch角色库中为我们提供了各种各样的角色，可以自由选择，你也可以使用自己准备的角色，或者绘制一个角色。

首先你需要单击一下小猫缩略图 右上角的 图标。

 啊！小猫不见了。

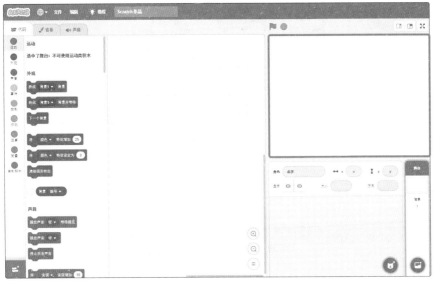

哈哈，消失了也没有关系。你可以单击一下界面右下角的 小猫头图标 ，然后把鼠标移动到图标 上，会显示 "选择一个角色"，直接单击就可以在Scratch角色库中选 择角色了。在角色分类中选择 "动物" 类别就可以看到 Dinosaur4这个角色了，我们就选择它作为新的角色吧。

缩略图是什么？
缩小显示的角色图像。角色以缩略图的形式显示在Scratch角色区的角色列表中。

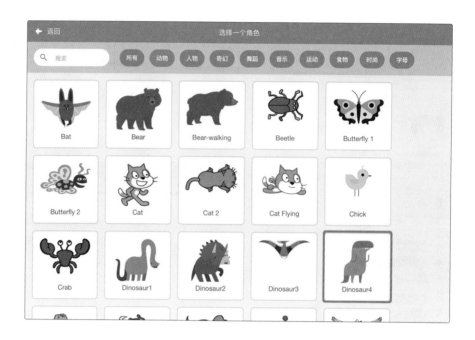

 哇哦！真的出现恐龙了！

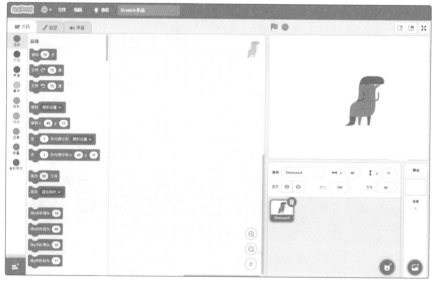

恐龙是可以移动的哦！在Scratch中，我们可以通过组合不同功能的积木块来控制恐龙的行为动作，进行编程。

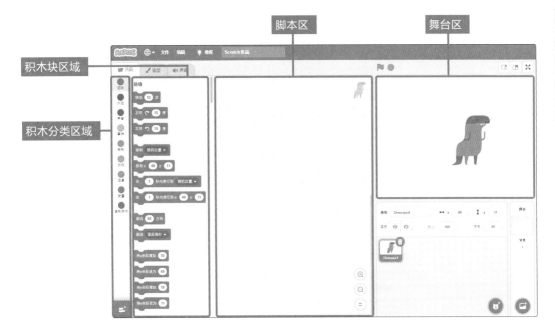

脚本区　　　　　　　　　　舞台区

积木块区域

积木分类区域

积木块按照 ● 运动、●外观、●声音、○事件、●控制、●侦测、●运算、●变量、●自制积木进行分类。选择不同的分类就可以使用不同功能的积木了。

接下来你可以拖放 "运动" 分类中的　在 1 秒内滑行到　随机位置　积木，将它移动到右边的脚本区。分类中的各种积木块是控制角色的程序，也就是脚本。

积木块是什么？
以积木的形式实现不同功能的脚本。Scratch中主要有八种类型的积木，分别是●运动、●外观、●声音、○事件、●控制、●侦测、●运算、●变量。

 什么是拖放？
在计算机中，将鼠标指针放置到想要移动的图标上，按住鼠标左键然后移动鼠标，在想要移动到的地方松开左键，从而实现图标移动的操作。

脚本是什么？
Scratch中指控制角色的程序。

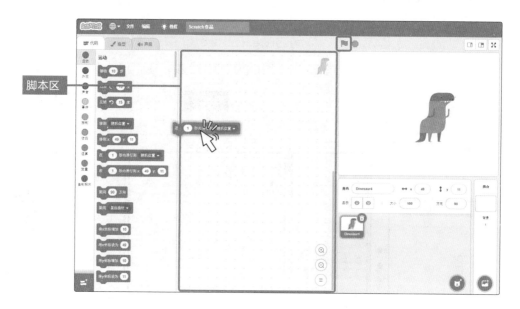

脚本区

在 事件分类中将 积木也移动到脚本区，与 在 1 秒内滑行到 随机位置 ▼ 积木拼接在一起。拼接好之后，就单击一下舞台区的 按钮运行程序吧！

好厉害！恐龙自己动起来啦！

接下来开始拼接 控制分类中的 积木。

将这块积木与 在 1 秒内滑行到 随机位置 ▾ 积木按下图显示的方式拼

接在一起，然后单击一下舞台区的 🚩 运行按钮，看看会发

生什么有趣的事情。

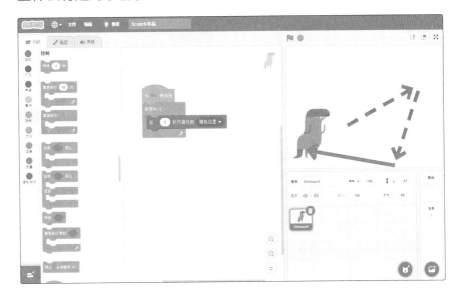

 这次恐龙一直在运动！

想让恐龙停下来的话就单击一下舞台区的 ⬤ 停止按钮吧！

 哇！恐龙真的停下来了！

这个 ![重复执行] 积木可以重复执行 ![在 1 秒内滑行到 随机位置] 积木的功能，单击一下舞台区的 ⬤ 停止按钮，恐龙就会停止移动。接下来你用鼠标单击一下 ![在 1 秒内滑行到 随机位置] 积木中的 ![随机位置]，将"随机位置"更改为"鼠标指针"。

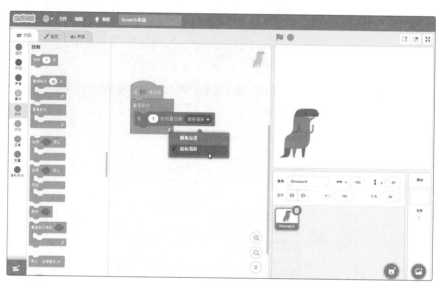

 哎？我单击 🏳 按钮之后恐龙也不会像刚才那样一直移动了。

你试试将鼠标指针放到舞台区的任意位置。

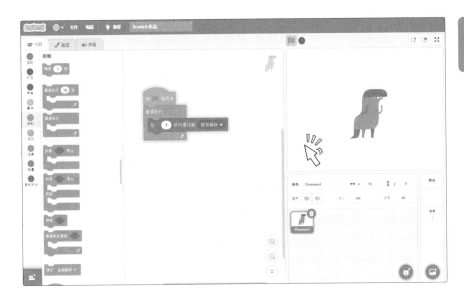

 哇哦！恐龙向鼠标指针的方向移动了！

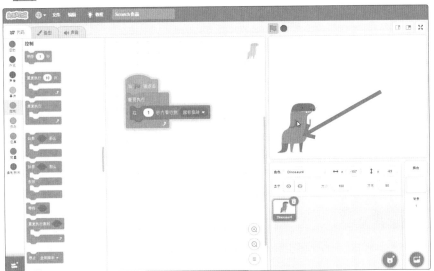

如果你执行 在 1 秒内滑行到 鼠标指针 积木的功能，恐龙就会在 1秒钟之内移动到舞台区鼠标指针所在的位置。

13

原来也可以用鼠标指针来控制恐龙移动啊！

对呀！如果你想让恐龙移动得更快一些，可以将 ①秒的部分修改成比1还要小的数字，比如 。如果修改成大于1的数字，恐龙移动的速度就会变慢一些。

 这么简单啊！那我自己也能制作游戏了！

我刚才说了，只要花点工夫就能制作出有趣的游戏。下面和我一起试一试吧！

将〇事件分类中的 积木、〇控制分类中的 积木、● 外观分类中的 换成 dinosaur4-a 造型 积木和 换成 dinosaur4-d 造型 积木像下图所示那样拼接在一起。为了更改 dinosaur4-d造型，你可以单击 dinosaur4-a 的部分在

 中选择恐龙的不同造型。完成脚本后，试试

单击一下恐龙，观察它有什么变化。

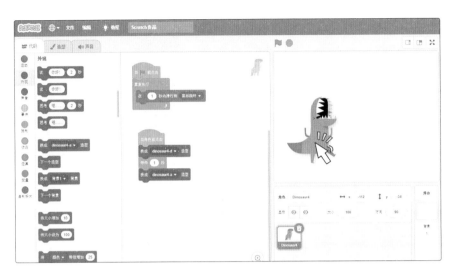

啊！恐龙张开嘴巴了！

这么惊讶吗？想知道恐龙张开嘴巴的奥秘，单击代码区左上方的 标签就知道了。实际上，这个恐龙角色有4种不同的造型。这段脚本可以实现，当你用鼠标单击恐龙的时候，它会在1秒后切换到dinosaur4-a造型。

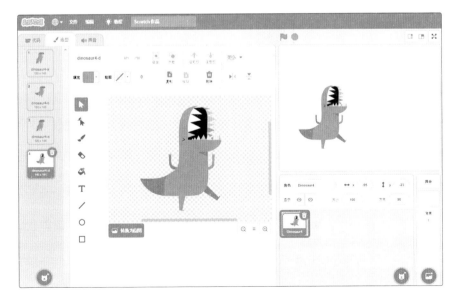

图形编辑器是什么？
是Scratch附带的、可以绘制图像的应用程序。

在造型区配备有可以修改角色造型的图形编辑器。你可以使用里面的工具改变角色的造型、颜色等。这次，我们先来把恐龙的嘴巴换成红色吧！在造型区选择恐龙的dinosaur4-d造型，然后选择图标，单击选中恐龙的嘴巴。

我单击选择了恐龙的嘴巴，在嘴巴四周出现了蓝色的边框。

在保持原样的状态下，单击画面左上角的图标，设置颜色=0、饱和度=100、亮度=100。

恐龙的嘴巴变成红色啦！

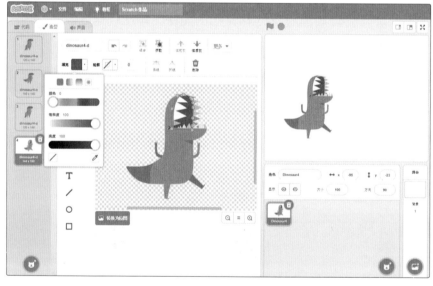

接下来我们再来添加一个新的角色。单击画面左上角的

代码 标签切换到代码模式。和添加恐龙角色时一样，

单击 图标进入Scratch角色库添加一个新的角色。在角色分类中单击"食物"类别，选择你喜欢的食物。

我喜欢Taco，就选它了。

 不好了！当Taco出现在舞台上时，之前编写的脚本就消失了。

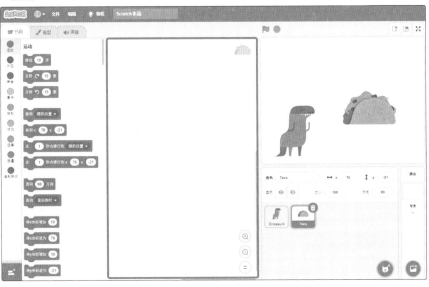

17

不用担心。在Scratch中，每一个角色都有自己对应的脚本。你现在选择了Taco这个角色的缩略图，而我们还没有开始编写它的脚本，所以代码区什么都没有。如果现在单击恐龙的缩略图，那么恐龙对应的脚本就出来了。

 真的？那真是太好了。

单击Taco的缩略图可以进入Taco角色的脚本区编写Taco的脚本。你想怎样使用Taco呢？

 我想让恐龙吃掉从上面掉落下来的Taco。

你能按照自己的想法制作脚本吗？

 太难了，我做不到。

如果Taco能理解中文并听从你的指令，你能正确地命令Taco吗？

 直接用中文命令它，我当然会啦。

你可以用中文试一试。

 "Taco快点从上面掉下来"。

18

你说的这个指令太模糊了，计算机无法理解。也就是说，"上面是指哪里？""掉下来之后怎么办？"这些内容它并不理解。

是吗？"上面"指的是舞台的上方，在游戏中Taco掉下来就会消失。应该是这样的！

对你来说，这当然是准确的指令了，但是对计算机来说却不是这样。计算机可能认为"上面"就是指恐龙的头顶，也可能想让Taco掉下来之后保持原来的状态。如果把这些模糊的指令变成准确的指令，应该是什么样的呢？

"Taco从舞台区的最上面掉到舞台区的最下面，掉下来之后就消失"，这样的命令应该可以了吧？

说得很好！如果你说的这些话是脚本指令，恐龙和Taco就会按照你的意思行动。如果我们能把这些话写成计算机能理解的命令语句，那么编程就没有那么难了。**"从舞台区的最上面掉到舞台区的最下面"**可以通过指定坐标来实现，也就是通过  积木实现这个功能。

坐标是什么？

坐标就是指角色在舞台区的具体位置。X坐标表示角色在舞台区左右方向的位置，Y坐标表示角色在舞台区上下方向的位置。

在Scratch中，Y坐标=180表示舞台区的最上方，Y坐标=-180表示舞台区的最下方，X坐标=-240表示舞台区的最左端，X坐标=240表示舞台区的最右端。也就是说，X=0，Y=0是舞台的中心位置。

执行 移到x: 0 y: 180 积木的功能时，Taco会移动到下图所示的位置。

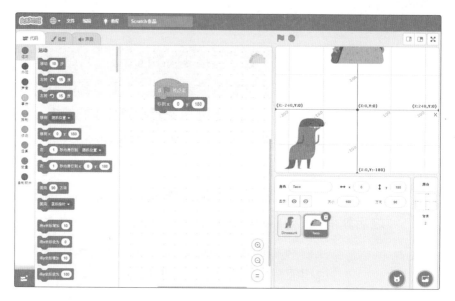

 是真的！Taco真的移到舞台区的最上方了。

接着为了让Taco的左右位置随机变化，需要用到 ● 运算分类中的 在 -200 和 200 之间取随机数 积木。随机数是指在指定范围内的任意一个数。将 在 -200 和 200 之间取随机数 积木与 移到x: 0 y: 180 积木拼接在一起（将其拖动到X的数字上），也就是这样： 移到x: 在 -200 和 200 之间取随机数 y: 180 。这样的话，Taco的X坐标会在-200到200范围内左右移动。

目前Taco的上下位置在舞台区的最上方，左右位置处于随机变化中，是这样吗？

是的。"**往下掉**"表示Taco的上下位置发生了变化，这时需要用到 将y坐标增加 -2 积木改变Taco的Y坐标的数值。"**掉到舞台区的最下面**"表示Y坐标为-180，y坐标 < -180 积木可以判断Y坐标是否小于-180。将 y坐标 < -180 积木与 ● 控制分类中的 重复执行直到 积木像这样 重复执行直到 y坐标 < -180 拼接在一起，可以重复执行被包围在积木块里的积木指令，直到满足Y坐标小于-180这个条件才会停止执行。那么，你认为应该在控制重复执行的积木中拼接什么积木比较合适呢？

因为Taco会"**掉到舞台区的最下面**"，所以"**往下掉**"需要通过 将y坐标增加 -2 积木来实现，对吧？

完全正确，上井真厉害。顺便说一下，Taco会"**掉落后消失**"，所以需要使用 隐藏 积木。另外，由于Taco在舞台区看起来比恐龙还大，所以还需要使用 将大小设为 50 积木缩小Taco的大小。

我也觉得Taco在舞台中显得太大了，不过通过编程我们可以很容易地改变它的大小。

说得没错。在现实世界中很难做到的事情，我们却能通过
编程来实现，这也是编程有趣的地方。

现在我们把前面提到的"**Taco从舞台最上方掉落到舞
台最下方，掉落之后消失**"这段语句编写成一个完整的
脚本（程序），就是下图所示的样子。

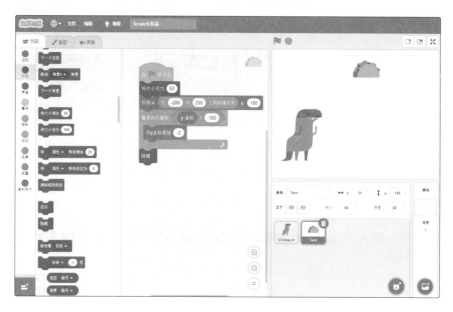

完成脚本积木的拼接之后，试着单击 🚩 按钮吧。

太好了！Taco掉下来然后消失了，但是能不能让它反复地
下落呢？

很简单。利用 ⬤ 控制分类中的 积木就可以实现你
想要的"Taco反复下落"的效果。如果你想设置反复下落
的次数，可以选择使用 积木。

另外，别忘了再添加一个 显示 积木。因为如果不在执行 隐藏

积木后执行 显示 积木，Taco这个角色就会一直保持隐藏状

态，所以在编写脚本的时候一定要添加 显示 积木。

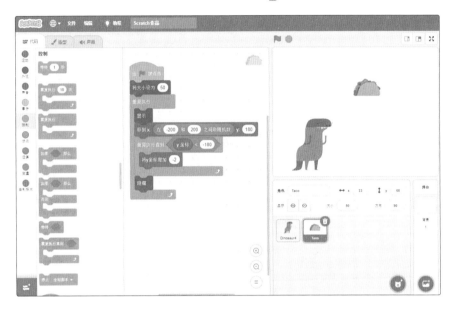

正确地完成了脚本的编写后，可以单击舞台区右上角的

按钮进入全屏模式，试试游戏的效果吧！

 开始游戏的话，单击这个 按钮就可以了，对吧？

完全正确！

 太好了！Taco掉下来了！在舞台区移动鼠标指针可以把恐

龙移动到Taco掉下来的地方。如果单击恐龙，恐龙就会张

开嘴巴。啊！Taco竟然穿过了恐龙。

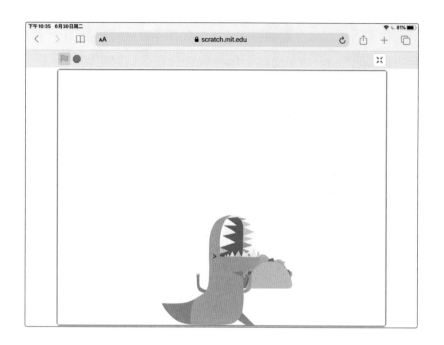

你知道这是为什么吗？

 我还以为Taco会进入恐龙的嘴巴里然后消失呢！看来我必须
继续完善Taco的脚本，让Taco碰到恐龙的嘴巴就会消失。

没错，就是这样。

 但是，怎么编写Taco的脚本呢？使用"**如果Taco碰到
恐龙的嘴巴就消失**"这样的指令就可以了吗？

你说的这个指令非常好。但是，如何判断Taco是否碰到恐
龙的嘴巴呢？我们可以通过具有 判断真假功能的积木
 或者 碰到颜色 ? 来实现这种功能。判断真
假的积木通过判断条件返回一个真或假的值，判断条件可
以是判断角色是否触碰到鼠标指针、舞台边缘、其他角色

24 判断真假的积木是什么？
指判断某个条件是真（正确）还是假（错误）的积木。

或者指定的颜色等，在Scratch中，判断真假的积木块是侦测分类中六角形的积木块。

那么，怎样确定Taco消失的时机呢？这对我来说有些困难，老师，请给我一点提示吧！

你可以试着单击  积木或者  积木的参数部分。

 积木可以侦测鼠标指针、舞台边缘和其他角

色， 积木可以设置要侦测的指定颜色。

原来是这样啊！如果使用 碰到 Dinosaur4 ▼ ? 积木，只要Taco触碰到恐龙就会消失。等一下！对了，我想起来恐龙的嘴巴是红色的，可以使用 碰到颜色 ? 积木，当Taco下落到恐龙嘴巴附近时，轻轻戳一下恐龙让它张开嘴巴，这时，如果Taco接触到恐龙嘴巴中的红色，就会消失。如果是这样，看起来就更像是恐龙吃掉了Taco。

确实是这样的。如果你使用 碰到 Dinosaur4 ▼ ? 积木，即使Taco触碰到恐龙的尾巴也会消失。如果你使用 碰到颜色 ? 积木，Taco只有碰到恐龙口中的红色部分 才会消失。

如何使用积木编写程序呢？对于初学编程的人来说比较困难，这里我来解说一下吧！

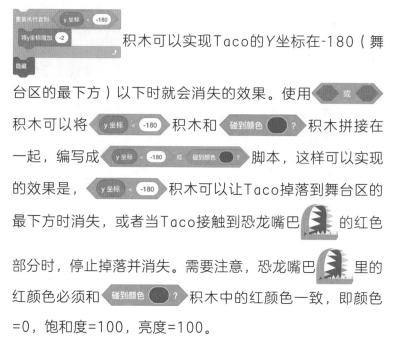积木可以实现Taco的Y坐标在-180（舞台区的最下方）以下时就会消失的效果。使用 或 积木可以将 y坐标 < -180 积木和 碰到颜色 ？ 积木拼接在一起，编写成 y坐标 < -180 或 碰到颜色 ？ 脚本，这样可以实现的效果是， y坐标 < -180 积木可以让Taco掉落到舞台区的最下方时消失，或者当Taco接触到恐龙嘴巴 的红色部分时，停止掉落并消失。需要注意，恐龙嘴巴 里的红颜色必须和 碰到颜色 ？ 积木中的红颜色一致，即颜色=0，饱和度=100，亮度=100。

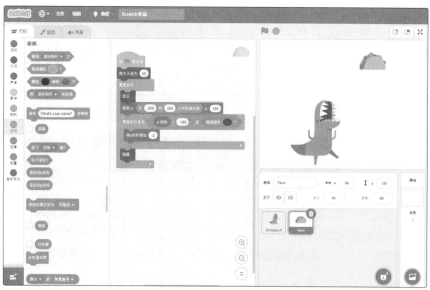

这个程序就先编写到这里吧！

 虽然是向老师请教才写出了脚本，但这是我第一次制作出一个游戏，真高兴！之前我还对您抱有怀疑的态度，老师对不起！

没关系。你高兴，我也高兴。虽然还可以为游戏添加声音、得分等功能，但是第一次能做成这样，我觉得已经很棒了。

 感谢老师的指点。

啊，最后为游戏加上背景吧。在Scratch界面的右下方将鼠标指针放在 ⬚ 图标上，然后再单击搜索 🔍 图标可以进入Scratch背景库选择自己喜欢的背景图片。

 好厉害！竟然还能修改游戏背景！在"户外"分类中有我喜欢的Jurassic（侏罗纪）背景。

最后，单击舞台区右上角的 按钮进入全屏模式，开始
玩游戏吧！

第 **2** 课

制作『篮球人游戏』吧！

在这里，你可以了解坐标的奥秘和
造型的变更方法。

从游戏里
真的可以学到
很多东西吗？

老师，您好！我今天带了我的朋友阿甘过来。阿甘同学学习很棒，还是班里的学习委员。他对计算机也很了解，暑假的时候经常用计算机做自由研究。

真是太棒了。你用计算机玩过游戏吗？

玩过。但是爸爸妈妈说玩游戏影响学习，还是不要玩游戏比较好。

过度玩游戏确实有不好的影响。但是适当地玩游戏也可以学到很多有用的知识哦!

啊?（无法接受的样子）

比如现在的热门话题VR和AR，你知道它们在哪些方面应用最广泛吗?

是什么? 难道是游戏?

没错! 热门游戏《口袋妖怪GO》中也使用了AR功能。玩游戏也可以说是在体验最尖端的IT技术，阿甘要不要也试着自己制作游戏啊?

教室

呃? 真的能制作出游戏程序吗? 原来上井说的话是真的!

唉! 原来你不相信我说的话!

对不起!

什么是VR（Virtual Reality，虚拟现实技术）和AR（Augmented Reality，增强现实技术）?
VR是一种将计算机制作的虚拟世界可以像体验现实世界一样亲身体验的技术。AR是在现实世界的风景上重叠显示虚拟影像，是一种将眼前的世界虚拟地扩展的技术。

一起制作 "篮球人游戏" 吧!

扫码看视频

两人一起进了编程教室。
上井笑眯眯的,阿甘却是有点紧张的样子。

 老师,我们今天还是使用计算机 编写程序吗?

 没错!今天来了新同学,你可以先向新同学介绍一下基本的使用方法哦!

 这个……我可能说不好。

 没关系,通过上一节课的学习,相信你已经掌握了一些基本的Scratch编程方法了。

 真的吗？

当然了。下面我们开始今天的Scratch编程课程吧！首先需
要删除这个默认的小猫角色，单击小猫缩略图 右上
角的 图标删除这个角色，然后再添加新角色。

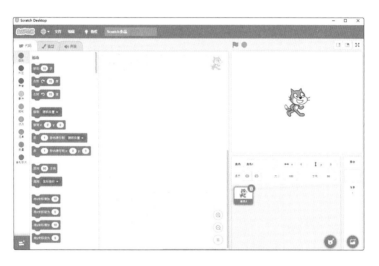

将鼠标放到Scratch界面右下方的 图标上，展开菜单
后单击 图标进入Scratch角色库添加新的角色吧。

在Scratch角色库中单击"运动"分类，这里我们选择   Jamal这个角色。

 舞台区显示了正在打篮球的人。

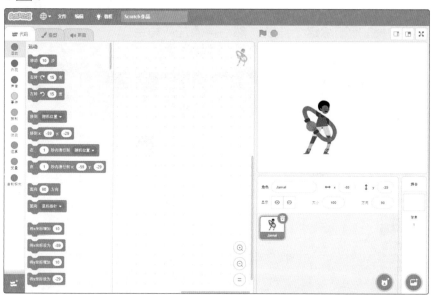

在编写脚本之前，我们先单击 造型 选项卡，修改一下 角色的造型。

 出现了像绘图软件一样的界面。

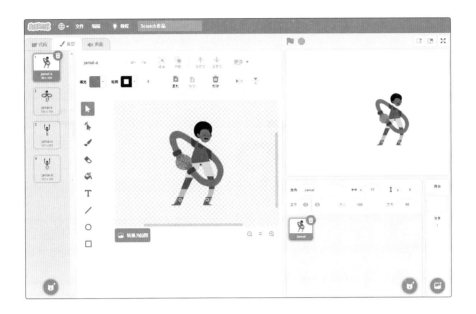

阿甘肯定用过绘图软件吧！在Scratch中你可以使用这个图形编辑器对角色的造型进行修改。

Scratch软件还不错！

和我一起使用图形编辑器修改 这个角色吧！首先我们需要单击Jamal-b造型的左手部分，选中它，然后单击图形编辑器中的"拆散"工具 ，将组成手臂的多个部分分解开。单击画布空白的地方取消选择。顺便说一下，按住Shift键，然后依次单击不同的对象，可以同时选择多个对象。

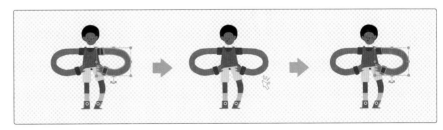

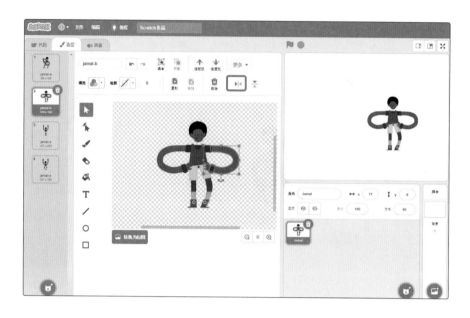

比如，现在我们按住Shift键可以同时选择左手和腕带

。在这种状态下单击"水平翻转"按钮▶┆◀。

左手和腕带的方向变成下面这样了。

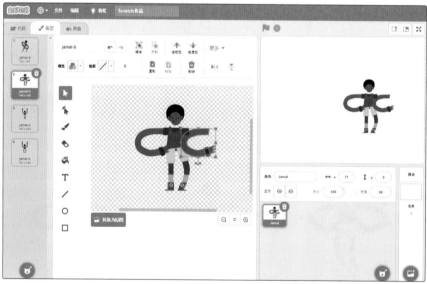

然后拖动旋转图标 向右上方旋转改变手臂的方向，将

手臂变成这样 ，然后拖动手臂到下图所示的位置。

选择手臂然后单击"变形"按钮 ，手臂周围就会出现
很多小点。

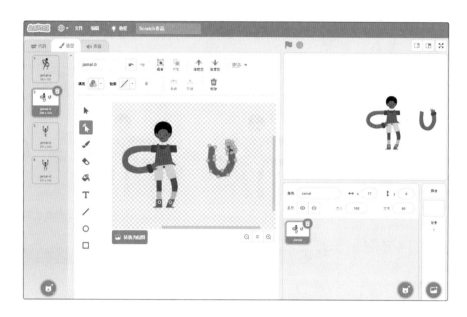

拖动这些小点可以改变手臂的形状，单击蓝色的线可以添加新的小点。请像下图这样拖动这些小点来改变手臂的形状。另外，单击"撤销"按钮 可恢复到之前的状态。

改变手臂的形状之后，单击"选择"按钮 ，这次只选择腕带部分。通过颜色填充工具 改变腕带的颜色，设置为颜色=0，饱和度=100，亮度=100。

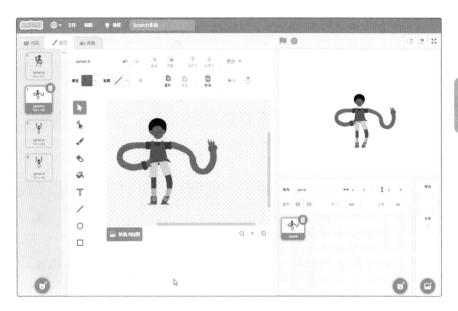

按照同样的方法分别对Jamal-c造型和Jamal-d造型进行修改，就像下图这样。

Jamal-c造型

Jamal-d造型

 嗯，总算结束了。

接下来可以开始编程了。选择Scratch界面右下角的

图标，然后单击 按钮添加一个背景。这次课程会

详细介绍"坐标"的相关知识，所以从"所有"分类中选

择"Xy-grid"背景。

 舞台上出现了像线一样的东西。

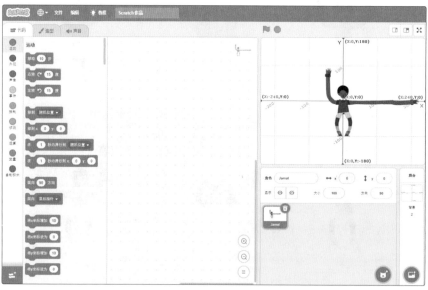

这些线叫坐标轴。从坐标轴的值可以知道角色在舞台上的位置。X坐标的值代表横向的位置，Y坐标的值代表纵向的位置。

在舞台区下方单击角色缩略图，单击左上角 选项卡切换到代码区，在脚本区添加积木块。

单击  积木中的数字就可以修改X坐标和Y坐标的值。单击舞台区的 🚩 按钮可以运行脚本。

 这个 角色移动到舞台区下面去了。

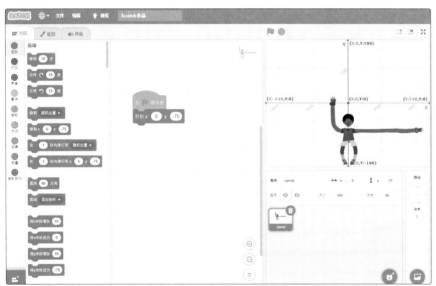

X坐标为0表示横轴的正中央，Y坐标为-75表示纵轴下方75的位置。运行  积木后， 角色就会移动到舞台区中间的下半部分。接着，单击 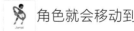 选项卡进入

造型区分别切换到Jamal-b造型和Jamal-d造型，观察腕带
在坐标轴上的位置。

使用图形编辑器中的变形工具 和选择工具 分别将

Jamal-b造型和Jamal-d造型中的腕带位置调整到*X*坐标为
100和200的位置。

Jamal-b造型

Jamal-d造型

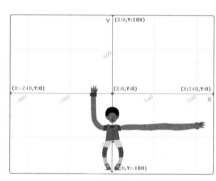

腕带的*X*坐标=100

腕带的*X*坐标=200

调整好腕带的位置后，选择Jamal-b造型，然后单击

📚 代码 选项卡切换到代码区。在 移到x: 0 y: -75 积木的下方拼

接 面向 -90 方向 积木。单击积木中的数字部分出现图标

可以改变角色的方向，通过 按钮可以将方向调整
到-90度。

 不得了了！Jamal-b翻过来了。

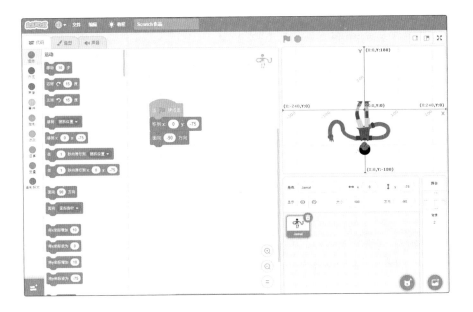

现在再添加一个 积木。单击 🏳️ 按钮运行脚本试试吧！

太好了。Jamal-b的方向又恢复了。

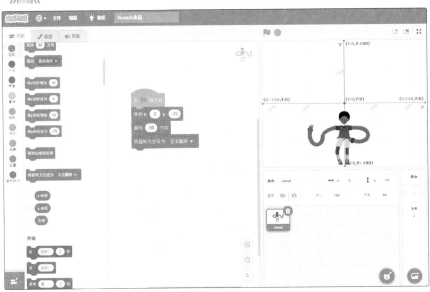

如果使用  积木块，不论选择 还是 或 面向 0 方向 中的哪一个积木块，都不会向上或向下翻转。对了，你们知道执行 面向 -90 方向 积木后，Jamal-b 造型中的红色腕带在左边还是在右边吗？

 在左边。

执行 面向 -90 方向 积木前，Jamal-b造型中红色腕带的*X*坐标为100。那么执行这个积木后，它的*X*坐标位置变成多少了？

 我知道，*X*坐标变成-100了。

执行 面向 -90 方向 积木前，Jamal-d造型中红色腕带的*X*坐标为200。那么执行这个积木后，它的*X*坐标位置变成多少？

 嗯……*X*坐标变成-200了？

真不愧是阿甘，没错。红色腕带的*X*坐标位置分别是-200、-100、0、100、200。

红色腕带的位置和我们今天要制作的游戏有关系吗？

当然有关系了。

Jamal的红色腕带的X坐标位置

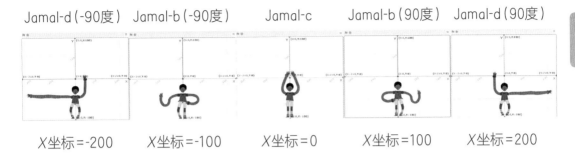

Jamal-d (-90度)   Jamal-b (-90度)   Jamal-c   Jamal-b (90度)   Jamal-d (90度)

X坐标=-200   X坐标=-100   X坐标=0   X坐标=100   X坐标=200

你可以按照上图所示的方式设置 角色的不同造型以及朝向。不过，你们需要记住对应的红色腕带的X坐标的位置分别是-200、-100、0、100、200。

 好的。但是怎么才能改变 的造型和方向呢？

这就需要编程来实现了。这次，我想教大家使用 鼠标的x坐标 积木获取鼠标指针的X坐标，以此为依据制作改变角色的造型和方向的脚本。

 原来鼠标指针也是有坐标的。

是的。舞台上有鼠标指针的话，我们可以通过 鼠标的x坐标 积木和 鼠标的y坐标 积木知道鼠标指针的X坐标和Y坐标。那么，根据鼠标在舞台上的X坐标值制作如下所示的改变造型方向的脚本吧！

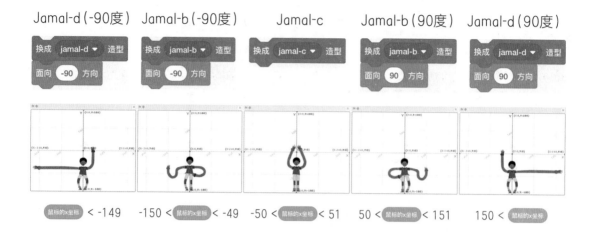

Jamal-d(-90度)	Jamal-b(-90度)	Jamal-c	Jamal-b(90度)	Jamal-d(90度)

鼠标的x坐标 < -149　　-150 < 鼠标的x坐标 < -49　　-50 < 鼠标的x坐标 < 51　　50 < 鼠标的x坐标 < 151　　150 < 鼠标的x坐标

 根据 鼠标的x坐标 积木的值可以知道鼠标的X坐标值，以此改变

的造型和方向，但是我不知道应该如何编写脚本。

"**当你用鼠标在舞台区点击时**" 这个语句可以通过

如果 按下鼠标? 那么 积木块来实现。这个积木块是将 如果 那么 积木

和 按下鼠标? 积木拼接在一起而成的， 按下鼠标? 积木代表的条

件成立时，才执行改变动作。

在这个积木块中执行的动作是，根据 鼠标的x坐标 积木获取的

鼠标的X坐标值改变 角色的造型动作。

例如， 鼠标的x坐标 <-149的时候，得到Jamal-d（-90度）的

造型，这个脚本可以通过将 如果 鼠标的x坐标 < -149 那么 积木块和

 积木块拼接在一起来实现。

同理，编写符合-150< 鼠标的x坐标 <-49，-50< 鼠标的x坐标

<51，50< 鼠标的x坐标 <151，150< 鼠标的x坐标 这些条件的脚

本。下图是完整的脚本程序。

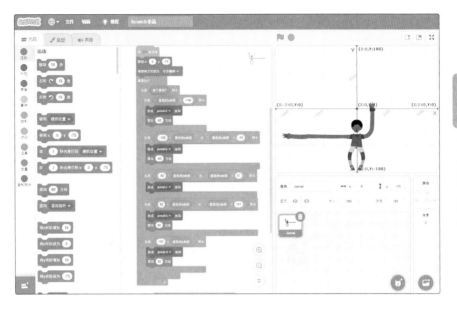

 这样就完成  角色的脚本了吗？

对呀！这样就完成了。

太好了！

单击 🏳 按钮运行脚本后，试着用鼠标点击舞台区的不同位置，看看 角色的造型变化。

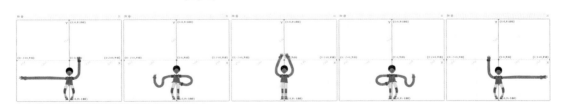

接着，我们要添加一个新的角色了。将鼠标放在Scratch

界面右下角的 图标上，然后单击 图标进入

Scratch角色库，在"运动"分类中选择Basketball

作为新的角色。

 添加了一个篮球的角色。

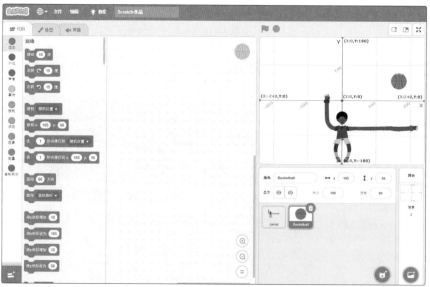

48

我们需要实现"篮球从舞台区的上方落下时，篮球人接住篮球"的效果。

 需要玩家操作 角色接住篮球，对吧？

 是的。那你觉得让篮球落在哪里好呢？

 落在舞台上的任何位置都可以吧？

 如果篮球可以在任何地方落下，那么也有可能落在  角色接不到的地方。

 那我应该如何设置篮球的位置呢？

 给你们一个提示，别忘了 角色的红色腕带。

 我知道了！利用红色腕带的X坐标确定篮球的位置！

 回答正确！我们可以让篮球落在红色腕带的X坐标位置，分别是X=-200、-100、0、100和200的位置。上井，你还记得编程之前做什么吗？

我记得，我觉得篮球可以理解中文，所以才会考虑对篮球下达中文的指令。

 是的，要下达准确的命令。在程序设计中，正确的指令是非常重要的。

 虽然知道命令的重要性，但是要下达准确的指令并不是一件简单的事情。

 阿甘要不要先试试？

 "篮球请从上面往下面移动"，这样可以吗？

 你的这个指令中并不能确定"上面"指的是哪里，"下面"指的又是哪里。

 啊，那应该怎么办？

 阿甘可以想一想，你说的"上面"具体指的是哪里？

 "上面"指的是舞台区的上面。

 在你的这个指令中，"上面"并不准确，能不能明确具体的位置？

 这个……

 在编程的世界里，每一个角色的动作指令都必须明确。上井上周做过，要不要说一下？

 好的。"**篮球请从舞台区的最上面往下移动，移动到舞台区的最下面时，请回到舞台区的最上面。重复这个动作直到按下停止按钮。**"

 说得很棒！但是，还需要再添加一些必要的指令。

 篮球必须在 角色的红色腕带的X坐标位置上落下。

 你注意到了！那么，这次阿甘能说一下篮球的运动过程吗？

 我知道！"**篮球移动的横向位置是X=-200、-100、0、100和200中的任意一个，纵向移动的位置是从舞台区的最上面移动到舞台区的最下面，然后再回到最上面，重复这个移动轨迹。**"

 那我们就按照上井说的指令组合积木块编写脚本吧！舞台区最上面的Y坐标=180，舞台区最下面的Y坐标=-180。请制作脚本实现"**从舞台区的最上面往下移动到舞台区的最下面，然后再回到舞台区的最上面**"的效果。

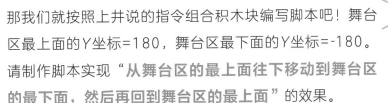

1. **"从舞台的最上面"** 通过 将y坐标设为 180 积木来实现。

2. 判定 **"到舞台的最下面"**，是将 y坐标 积木和 ⬡ < -180 积木拼接在一起组

   成 y坐标 < -180 积木块，通过判定Y坐标的位置来实现。

3. **"移动到舞台的最下面"** 通过 重复执行直到 积木、 y坐标 < -180 积木和

   将y坐标增加 -6 积木拼接在一起组成 重复执行直到 y坐标 < -180 将y坐标增加 -6 积木块来实现。

4. **"回到舞台的最上面"** 通过 将y坐标设为 180 积木来实现。

•••

 我这样编写脚本可以吗？好像有哪里出错了……

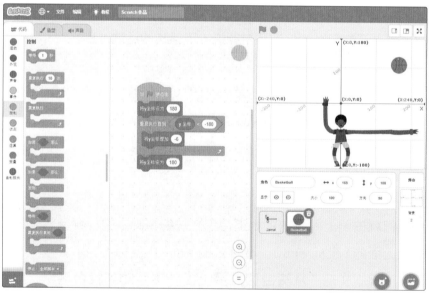

你编写的脚本是正确的！即使脚本出错了也没有关系，只
要调整一下，最终能成功运行就可以。

只要把上井刚才实现的**"篮球请从舞台区的最上面往下
移动，移动到舞台区的最下面时，请回到舞台区的最
上面。重复这个动作直到按下停止按钮。"** 的脚本放入

积木就可以了。

是这样吗？

现在，再来单击 ▶ 按钮运行脚本试试效果吧！

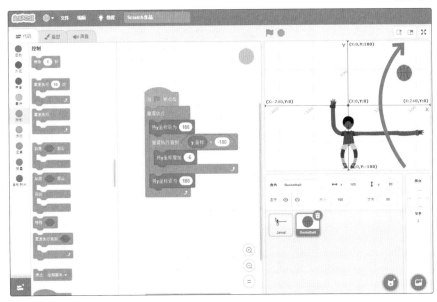

好神奇啊！篮球真的从舞台的最上面移动到舞台的最下面，然后又回到了舞台的最上面。

现在你们知道了，重复执行的操作都是通过  积木实现的。另外，仔细看会发现这里的  积木里面有两个 将y坐标设为 180 积木，分别位于上面和下面。由于积木块中的这些代码会被重复执行，所以 将y坐标设为 180 积木会连续执行两次，虽然不影响球的运动，但是不需要，在这里，我们可以去掉下面的 将y坐标设为 180 积木。

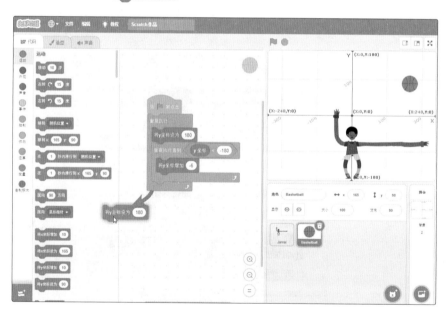

54

接下来轮到阿甘回答问题了。**"当篮球移动到舞台区的最上面时，它的横向位置会移动到X=-200、-100、0、100和200中的任意一个位置"**，那么决定角色横向位置的是X坐标还是Y坐标？

 嗯，是X坐标。

指定角色的X坐标可以通过 积木来实现，执行这个积木块，角色就会移动到X坐标=200的位置。

 也就是说可以通过将 200 部分的数字修改为-200、-100、0、100和200就可以了。

完全正确！

 但是，设置篮球移动到**"X坐标=-200、-100、0、100和200中的某一个位置"**，可以通过什么积木实现呢？

这个有点难度。有几种不同的方法，但是使用●变量的方式更容易理解。
所谓变量就是像容器一样保存数字和文字的东西。在Scratch 3.0中也准备了●变量分类的积木，单击●变量分类中的 建立一个变量 按钮可以创建变量。

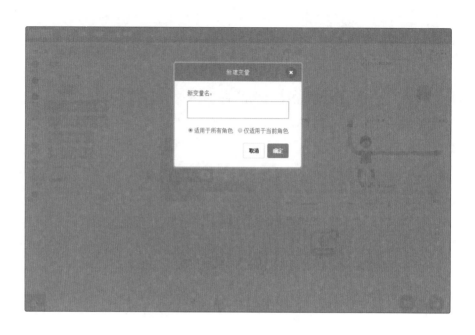

 我单击 建立一个变量 按钮之后，就出现了一个上图所示的小
窗口。

你可以在"新变量名"文本框中输入自己喜欢的变量名。
这次我们输入"篮球的位置"作为变量名。

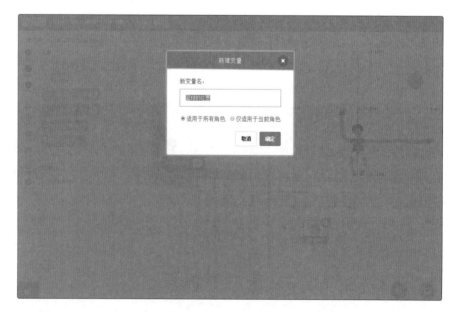

这个 ✅ 篮球的位置 变量积木添加上了。

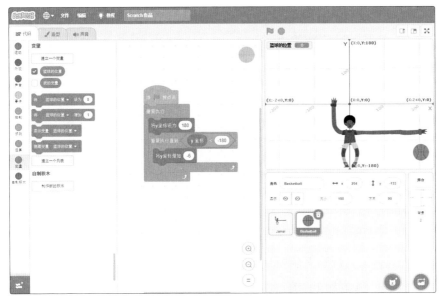

勾选 ✅ 篮球的位置 积木前面的复选框，变量就会显示在舞台区。如果没有勾选这个复选框，舞台区就不会显示这个变量了。

使用这个 篮球的位置 变量可以实现"**将篮球移动到X坐标=-200、-100、0、100和200中的某一个位置**"的功能，赶快尝试制作这样的脚本吧！

 如果使用这个 篮球的位置 变量，篮球的X坐标位置真的会随意改变吗？

只使用这个 篮球的位置 变量是不够的，还需要使用 在 1 和 10 之间取随机数 积木，这是一个可以产生随机数的积木。你可以在这个积木中指定数字范围，它会返回一个在指定范围内的随机数（比如1到10之间的随机数）。随机数是计算机自动从指定范围内选出来的。

 难道要使用这个 `在 1 和 10 之间取随机数` 积木让计算机从-200、-100、0、100和200中选择一个值作为X坐标吗？

没错！可选择的X坐标有-200、-100、0、100和200这个5个值。我们可以将 `在 1 和 5 之间取随机数` 积木的 自变量改为1到5，`在 1 和 5 之间取随机数` 积木就会自动产生1-5范围内的随机数。

 如果随机数的值是1，那么X坐标=-200；随机数的值是2，X坐标=-100；随机数的值是3，X坐标=0；随机数的值是4，X坐标=100；随机数的值是5，X坐标=200。是这样吗？

是的。这个时候 `篮球的位置` 变量积木就派上用场了。`在 1 和 5 之间取随机数` 积木不能存储数值，并且每次执行都会产生随机数，我们可以将 `将 篮球的位置 ▼ 设为 0` 积木和 `在 1 和 5 之间取随机数` 积木拼接在一起，组成 `将 篮球的位置 ▼ 设为 在 1 和 5 之间取随机数` 积木块，这样 `在 1 和 5 之间取随机数` 积木产生的值可以保存到 `篮球的位置` 变量积木中。如果 `篮球的位置` 变量积木中保存的值为1，X坐标=-200；值为2，X坐标=-100；值为3，X坐标=0；值为4，X坐标=100；值为5，X坐标=200。

自变量是什么？
指在计算机程序中使用的数值。在Scratch的积木块中能够输入数字和文字的部分可以作为自变量。

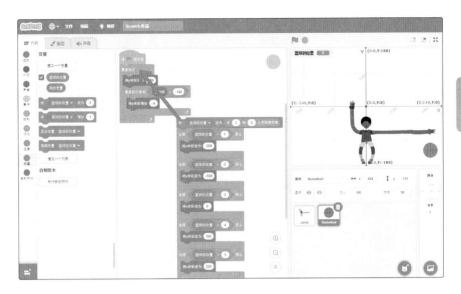

上图右侧拼接好的积木块，即可实现。将 在 1 和 5 之间取随机数 积木中的值保存在 篮球的位置 变量积木中，然后根据这个变量的值，将X坐标设为-200、-100、0、100、200中的任意一个。将这些积木块拼接到左侧区域箭头指示的位置就可以了。

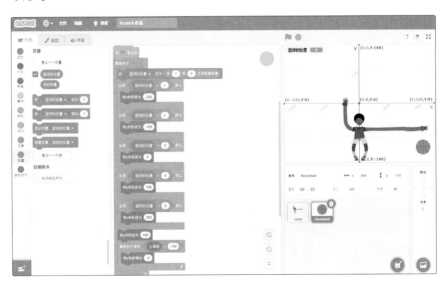

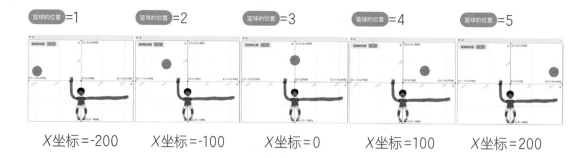

X坐标=-200　　　X坐标=-100　　　X坐标=0　　　　X坐标=100　　　　X坐标=200

 篮球的X坐标变化了！

 这说明编写的脚本很成功。

 在舞台区单击不同的位置改变 角色的造型就能接住篮

球了吧！忍不住想玩一次游戏了！

那你们试试吧。

 啊，篮球从手里直接掉下去了。

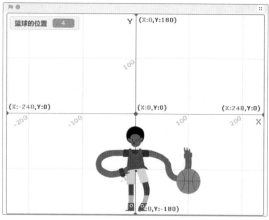

 上次，上井也有过相同的体验吧！

我们自己想当然地认为"手和篮球接触后，篮球的动作就会停止"。但是，在编程的世界里，"碰到手后就停止运动"这个指令应该明确地告诉"篮球"。

是的。在现实社会中也一样，所有的事情都如自己所想并不是理所应当的，我们有必要站在对方的立场思考问题并传达出来。这种思想在编程教育中很重要。

没想到通过编程也能学到在社会上有用的思考方法。

接下来我们需要添加"如果篮球碰到 角色的手，就会停止运动"的脚本了。在 角色中添加脚本吧！

为什么不是在 角色中添加脚本呢？

因为 这个角色自身处于运动状态，当 角色的手碰到篮球的时候，篮球自己停下来会比较自然。在现实世界中，人的手会把篮球接住，但是在编程的世界里，只要篮球碰到手，球就会自动停住。

但是计算机怎么知道 角色的手是否与篮球接触了呢？

不错嘛！阿甘也了解编程的思维方式了。

那怎么才能确定  篮球真的碰到角色的手了呢？

我们可以通过 ●侦测分类中的 碰到颜色 ？ 积木判断是否
接触到指定的颜色。

我知道了！可以侦测角色的腕带，所以前面把腕带的
颜色换成了红色。

知道了这一点，那接下来的脚本就不难编写了。

单击 碰到颜色 ？ 积木的 部分可以修改颜色，通过这

个 部分可以指定需要侦测的颜色，也可以单击这

个图标吸取你想要侦测的颜色。单击图标后，再单击舞

台区的红色腕带部分 ， 碰到颜色 ？ 积木就可

以获取红色腕带的颜色参数值。这样， 角色的红色腕
带的颜色就和 碰到颜色 ？ 积木中的颜色相同了。

将 碰到颜色 ？ 积木、 或 积木和

积 木 块 拼 接 在 一 起 ， 组 成 新 的 积 木 块

 。在脚本变更之前，球是向下移

动的，直到满足 y坐标 < -180 积木或者 碰到颜色 ？ 积木
成立的条件为止。

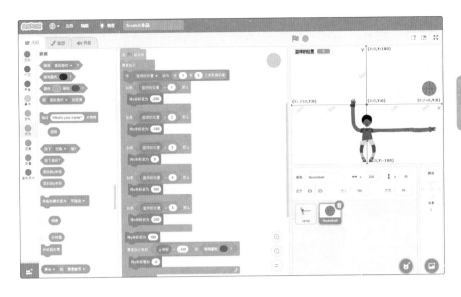

上面是完整的脚本。

 成功了！当篮球碰到红色腕带的时候，它真的停止向下移动了。

脚本部分完成了。最后我们来为这个游戏选一个新背景吧！

将鼠标放在Scratch界面右下角的 图标上，然后单击

 图标进入Scratch背景库选一个喜欢的背景吧！

我从"运动"分类中选择了一个篮球场作为游戏的背景。

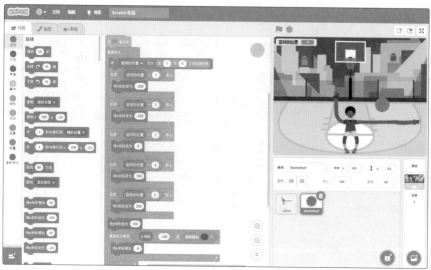

篮球人游戏成功了吧！现在单击舞台右上角的  按钮进入全屏模式，实际体验一下游戏吧！

制作『足球游戏』吧！

第3课

在这里，你可以了解方向和声音的设置方法。

职业游戏玩家
是什么？

 老师，您好！我又带新朋友来了！

 大家好！我是大翔。

 大翔非常喜欢玩游戏，平时经常看到他玩游戏。

 如果是玩游戏的话，我不会输给任何人的。

那真是太好了。

 成为职业游戏玩家是我的梦想。

 真的有那种工作吗？玩喜欢的游戏还能赚到钱，我才不信呢！

什么是职业游戏玩家？
把玩计算机游戏当成工作，以此赚取奖金和报酬来生活的人。

就像运动员成为职业选手一样，在游戏的世界里一流的玩家也可以成为职业选手的时代已经到来。

  太好了！

 比起职业游戏玩家，我可能更适合做程序员。

 那是因为阿甘游戏玩得不好。

 大翔，我看到你刚才笑了。（生气）

 大家不要吵了。今天我们来制作一个在职业游戏玩家中也很受欢迎的足球游戏吧！

 嗯！

 好的！

 是，是！

一起制作"足球游戏"吧！

冠军

游戏奖金
¥3 000 000

扫码看视频

大翔梦想着作为职业游戏玩家在大赛中获胜。游戏的技巧也能运用在编程中吗？

大家赶快打开计算机启动Scratch吧！在本次课程中，我们会

用到新的角色，所以这里需要单击缩略图 右上角的删

除图标删掉这个默认角色。接着将鼠标放在 图标上，选

择 搜索图标单击进入Scratch角色库，添加新的角色。

这次需要添加三个角色，在"运动"分类中分别选择

 角色。

 我已经完成了。

 哎？已经做好了？

 和平时玩的游戏相比，这简直就是小菜一碟。

大翔在不知不觉中从游戏里学到了很多计算机操作技能。

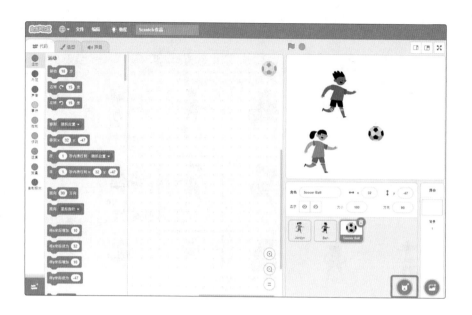

接下来单击Scratch界面右下角的 图标，打开Scratch背

景库，选择  背景。

 有了踢足球的感觉！

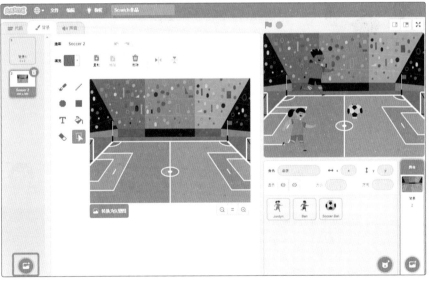

你这是选中了舞台背景，处于背景编辑状态。我们先来编写足球的脚本，单击界面右下方的 缩略图切换到足球的脚本编写区域。

 界面中显示了一个很大的足球。

这是由于你选择了 角色的造型区，现在单击界面左上角的 代码 选项卡切换到足球的代码区。

 这次界面中出现了很多长方形的块和空白区域。

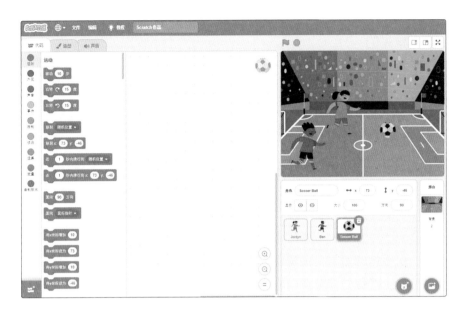

左侧的积木块区域叫作积木分类区，这是脚本编写的基础，积木有9种分类，你现在看到的是●运动分类中的积木。

画面中的空白区域叫作脚本区，把积木块移动到这里可以为角色制作脚本。

现在，我们选择的是 的缩略图，所以，可以为足球编写脚本了。

哦，原来是这样。我也能编写脚本吗？

不用担心。三个人合作的话，就没问题了。

什么是积木分类区？
这是组成脚本的积木的来源地。你可以通过拖放操作将不同类别的积木移动到脚本区，也可以将这些积木拼接起来。这些积木按照●运动、●外观、●声音、●事件、●控制、●侦测、●运算、●变量等进行分类。

什么是脚本区？
是拼接积木块制作脚本的地方，在这里编写程序。

 是的!

首先制作足球 的脚本。如果单击 按钮,足球将调整 到65%的大小,请你们三个人编写将足球移动到球场中心的脚本。不过,大翔今天是第一次来,上井和阿甘可以告诉他如何操作。

> 上井和阿甘告诉大翔,坐标指的是舞台上角色的位置,X坐标是横向的位置,Y坐标是纵向的位置,还说明了可以使用●外观分类中的积木改变角色的大小。

  这样拼接,对吗?

是正确的脚本。编写的程序很不错,另外,给大翔讲解得也 很好哦!

 嗯,很容易理解。

 (被夸奖之后很开心的样子)

问题1

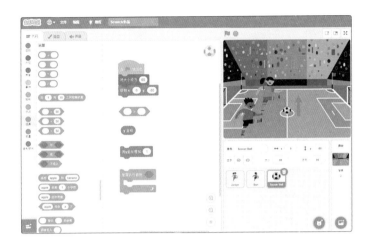

请使用上图中的4个积木制作下面的脚本。

单击 🚩 按钮，足球就会移动到足球场的边线（上面的白线）处。

提示

通过拖拽将足球移动到球场的边线处，就可以知道边线的Y坐标。

左图中足球在舞台区的位置是X坐标=0，Y坐标=1。制作脚本时请参考这个坐标值。

执行 积木后，足球会变成什么样?

因为Y坐标以1为单位增加，所以我觉得足球会向上一点点地移动。

我知道了，Y坐标表示纵向的位置。

是的。如果你想把足球移动到边线处，需要反复执行多次 积木才可以。

看积木的拼接痕迹，我觉得应该是 积木和 积木拼接在一起。

其实，编程不是这么简单的。

不愧是游戏高手，游戏感真好。

嘿嘿嘿（害羞地笑了）。也许 积木和 积木也应该拼接在一起。

是的！ 积木可以用数学符号中的大于号连接两个
值，y坐标 表示足球的Y坐标。使用这两个积木编写"一点一
点地改变足球的Y坐标，直到球的Y坐标大于边线的Y坐标"
的脚本不就行了吗。

 边线的Y坐标由我来查看一下。不断地拖放移动足球，观察角
色信息区中的Y坐标值就可以了。边线的Y坐标大约为0。

角色信息区

 我们完成了！

你们太棒了！三个人合作编写出了正确的脚本。

什么是角色信息区？
描述角色的名称、X坐标、Y坐标、大小、方向、显示、隐藏等信息的区域。

问题2

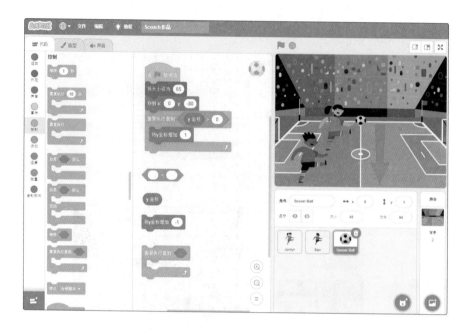

请使用上图中的4个积木制作下面的脚本。

足球从边线（上）向下移动到边线（下）。

这次足球需要向下移动，所以使用 将y坐标增加 -1 积木以-1为单位改变足球的Y坐标。

通过拖放将足球移动到舞台下面的边线，检查Y坐标的值。
嗯，确认Y坐标的值在-160左右。

啊！这是我本来想做的。

 单击 🚩 按钮后，足球会从球场的中心位置向上移动，然后再向下移动。

 啊！使用  积木，足球会不会重复上下移动呢？

 这个主意不错，可以试一试。

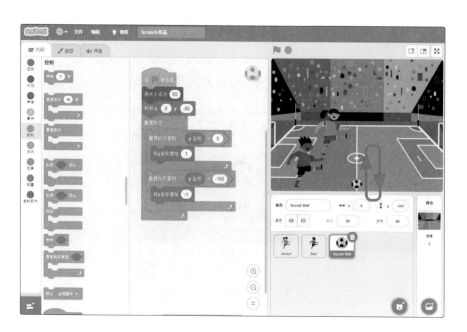

 好厉害！足球开始来回上下移动了。

你们真是太棒了！你们把游戏脚本整理好了，不过， 的

脚本还没有完全编写好，我们先来编写 的脚本。

首先单击舞台区下方的 缩略图，然后单击 选

项卡切换到造型区。

我想稍微调整一下这个角色的造型位置。在造型区单击
"选择"工具，然后单击图像的左上角，不要从画面上松开鼠
标，一直拖动到图像的右下角后再松开鼠标。

如果角色的造型像下图这样就表示被选择了。

在这种状态下用鼠标拖动这个角色造型稍微向上移动，把中

心位置变更到左大腿附近。 的位置调整好后，同样变更

 造型的中心位置吧！

在 ● 运动分类的积木中，角色以中心为起点移动，因此需要将中心变更为靠近脚的位置。

单击 🚩 按钮后，角色 在舞台上的X坐标=-150，Y坐标=-70，大小为75%。我想让你使用 `换成 jordyn-a ▼ 造型` 积木制作一个变更造型的脚本，可以吗大翔？单击 `≋ 代码` 选项卡可以切换到脚本区。

 嗯！和编写足球脚本时一样做就可以了吧。

 （过了一段时间）做好了，这样可以吗？

 单击 🚩 按钮查看了吗?

不错的建议。在编写完程序后，需要单击 🚩 按钮确认脚本是否可以正常执行。编程和考试不同，即使中途出错，也没有关系，只要最终可以完成正确的脚本就可以了。正确编写脚本的捷径就是仔细检查。

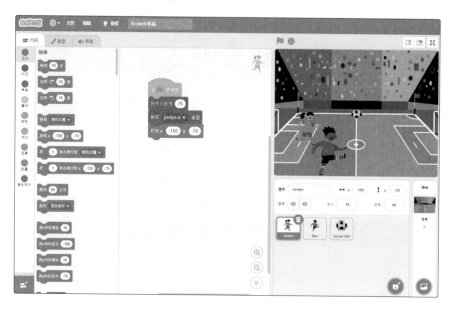

 是正确的程序。

 嗯（被优等生阿甘夸奖，很开心的表情）。

问题3

请使用 等待 按下鼠标? 积木块和  积木块制作下面的脚本。

单击 🏳 按钮之后，在舞台上单击 👤 角色，它会朝着足球移动，碰到足球后 👤 会停止移动。

提示

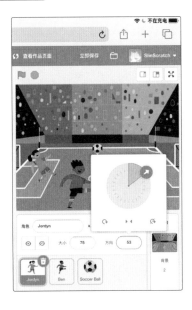

移动角色时，可以使用 将x坐标增加 10 积木和 将y坐标增加 10 积木改变坐标的位置。这个 移动 10 步 积木也可以移动角色的位置。使用 移动 10 步 积木与根据坐标移动角色位置的不同之处在于角色可以像左图那样设置方向，让角色可以朝着适合的方向移动。因为左图的 👤 是倾斜向上的，所以如果执行 移动 10 步 积木的话，就会倾斜向上移动。

 积木已经拼接好了，看起来很简单。

是吗？对我来说很难。

 在计算机中，积木块表示等待直到单击为止。

 将不同的积木拼接在一起，可以在单击后实现不同的动作。

说得没错。

  积木块是什么意思呢？

 在碰到足球之前，积木块会被重复执行。

 一直朝着足球移动，直到碰到足球为止，移动的动作会

反复执行，所以只要触碰到足球，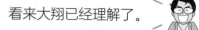的动作就会停止。

看来大翔已经理解了。

 也就是说问题3的答案就是这个。

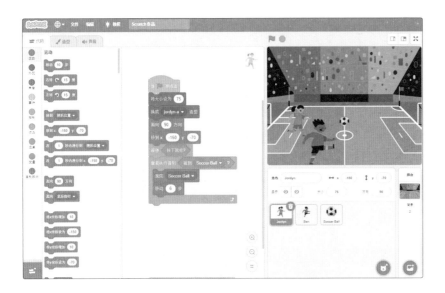

 完成脚本后，单击 按钮，确认 是否可以正确地移动。

 啊，是呀。

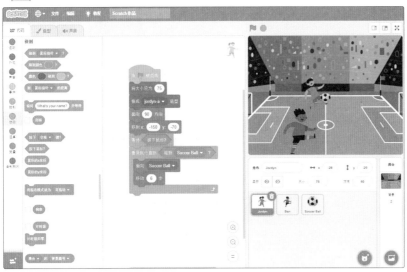

单击 🚩 按钮，再单击舞台区，可以正常地移动哟！

不要忘记把 的方向通过  积木设置为向右的方向

拼接在 换成 jordyn-a ▼ 造型 积木后面。

如果你不添加 面向 90 方向 积木，单击了 🚩 按钮执行脚本之

后， 会一直倾斜下去。

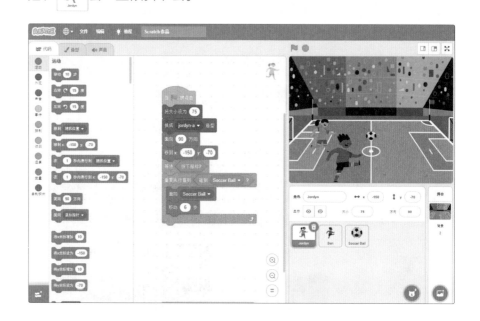

 即使单击了 🚩 按钮， 的角色信息也不会被随意重置。

问题4

请使用上图的4个积木制作下面的脚本。

接触到足球后，将造型变更为Jordyn-b，过0.5秒后恢复到造型Jordyn-a。另外，在踢球时发出"Basketball Bounce"的声音。

提示

当添加声音数据的积木时，请单击 ◀》声音 选项卡，从界面左下角的 处入手。

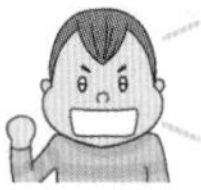

这个问题让我来解决吧！我知道积木是从上往下执行的，下图中我的拼接方法对吗？

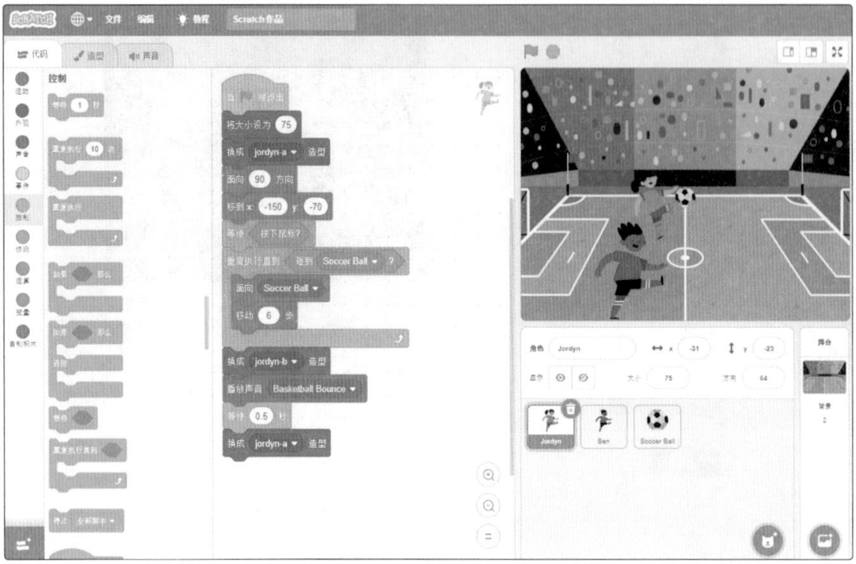

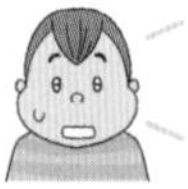

单击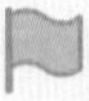按钮，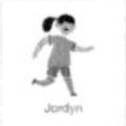向足球的方向移动了！哎？没能踢到足球，它一直在上下移动。

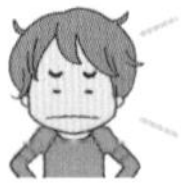

这是因为你还没有编写“**只要一踢球，足球就会飞出去**”的脚本。

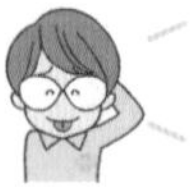

我也思考过这个问题。

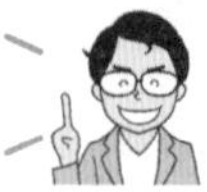

上井和阿甘对编程的理解又加深了一些呢！那么，接下来开始制作“**踢到足球，球就会飞出去**”的脚本吧。

给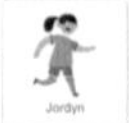角色编写“**踢到足球**”的脚本，给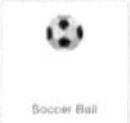角色编写“**飞出去**”的脚本。

在这种情况下，需要向 传达 踢到足球的事情。这次我们使用⬤事件分类中的 `广播 消息1 ▾` 积木实现这个效果。单击 `消息1 ▾` 部分，会显示 `新消息 ✓消息1`。如果你选择 `新消息` 的话，可以自己定义消息的名字。在这里，我创建了一个"踢球"的消息，就是 `广播 踢球 ▾` 积木。

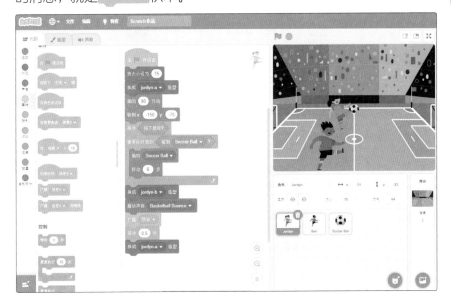

`广播 踢球 ▾` 积木的拼接位置如上图所示。你需要拼接在"**如果** **踢到足球，发出Basketball Bounce的声音**"这个脚本之后。为了接收 `广播 踢球 ▾` 积木发送的"**踢球**"消息，这个 `当接收到 踢球 ▾` ~~事件积木~~ 是必须要用到的。在收到"**踢球**"的消息后，拼接在这个积木下面的积木块就会被执行。

事件积木的作用是什么？
这是控制脚本开始执行的积木。这个积木的左上角是圆弧形的，一定会被拼接在程序的最前面。

在 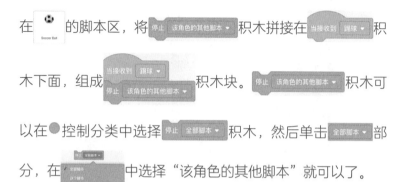 的脚本区，将 停止 该角色的其他脚本 积木拼接在 当接收到 踢球 积

木下面，组成 积木块。停止 该角色的其他脚本 积木可

以在●控制分类中选择 停止 全部脚本 积木，然后单击 全部脚本 部

分，在 中选择"该角色的其他脚本"就可以了。

完成了。单击 🚩 按钮后，单击一下舞台区， 会朝着足

球的方向移动，踢到足球后，足球就停止上下移动了！

执行 停止 该角色的其他脚本 积木后，同一个角色内的其他脚本都会停

止执行。单击 🚩 按钮后， 上下移动的脚本会停止执

行，所以足球就停下来了。

在这之后，如果 做出向右移动的动作，是不是就实现了

"球飞出去" 的脚本呢？

 老师，请给我们一些提示吧！

下面这个问题算是提示吗？

问题5

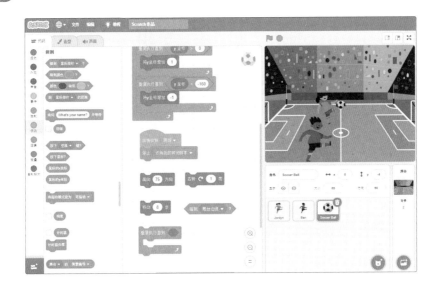

请使用上图的5个积木制作下面的脚本。

球一边划出弧线，一边向右飞，直到碰到舞台边缘。

太好了！虽然在拼接的时候错了几次，但是最后我还是完成了！

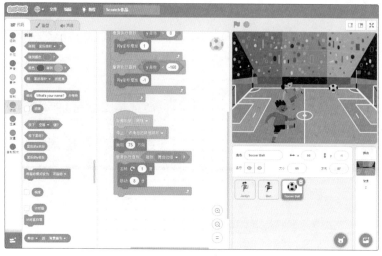

通过调试得出正确答案，编程就是这样。接下来，制作对手角色的脚本吧。把谁设定为对手角色呢？

 对手角色就是 吧。因为还没有制作这个角色的脚本呢！

 所谓的对手角色会有什么攻击性的动作吗？

 哈哈哈！不是的。对手角色负责阻止足球进入球门。

 大翔不愧是游戏高手。

调试
在编写程序的时候，反复测试，反复失败，最终找到正确答案的过程。

老师，再给我们出一个问题吧！

问题6

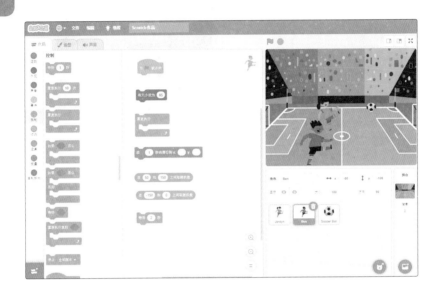

请使用上图的7个积木制作下面的脚本。

在足球场上的右侧区域移动1秒后，停止2秒后再移动。

 我知道要把 在 50 和 150 之间取随机数 积木、
在 -150 和 0 之间取随机数 积木和 在 1 秒内滑行到 x: y: 积木拼接
在一起……

 我认为足球场右侧的 X 坐标应该大于 0 ，所以
在 50 和 150 之间取随机数 积木放在X坐标的参数部分。足球场在
舞台中心以下的区域，所以 在 -150 和 0 之间取随机数 积木放在Y
坐标的参数部分。

好，大家一起制作 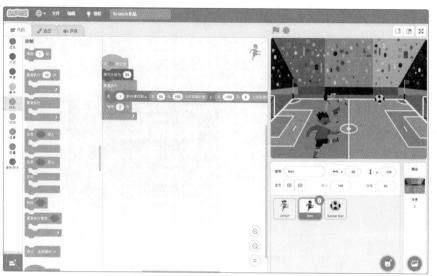 的脚本吧！

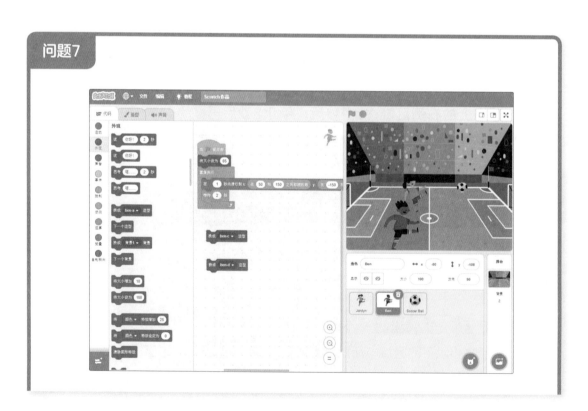

请使用上图的两个积木制作下面的脚本。

当 移动的时候会变成 造型，当 停止2秒时会变成 造型。

拼接好的积木块会从上面开始按顺序执行。

两个造型的积木就像下面这样拼接。

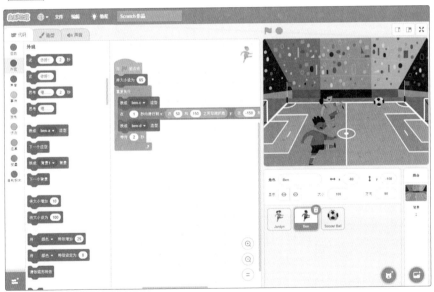

你们已经完成了 的脚本。最后，再次给 角色添加脚本，完成足球游戏吧！

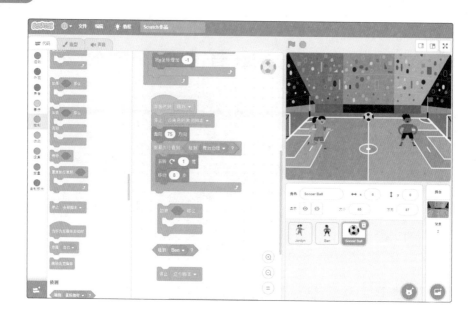

请使用上图的3个积木制作下面的脚本。

 碰到  就停止动作。

三个积木像 这样拼接起来就可以了，但是这

个积木块应该拼接到哪里呢？

停止 这个脚本 ▾ 积木有什么作用？

执行 停止 这个脚本 ▾ 积木后，这个积木本身连接的脚本会停止运行。

我知道了！这个积木块应该拼接到向右移动的脚本后面。

 你真厉害！

  一碰到 就停下来了。

 我们完成足球游戏的脚本了！

这样的话，那就再加上进球成功和失败的声音吧。

 啊？不是已经完成了吗？

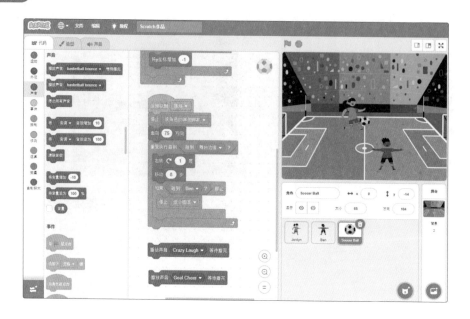

请使用上图的两个积木制作下面的脚本。

如果 ⚽ Soccer Ball 碰到 🧍 Ben ，就执行 播放声音 Crazy Laugh ▾ 等待播完 积木。如果没有碰到，就移动到舞台边缘，执行 播放声音 Goal Cheer ▾ 等待播完 积木。

 🧍 Ben 碰到足球的时候执行 播放声音 Crazy Laugh ▾ 等待播完 积木，拼接在

这里面 如果 碰到 Ben ▾ ？ 那么 / 停止 这个脚本 ▾ 就可以了。但是，成功进球的时候执

行 播放声音 Goal Cheer ▾ 等待播完 积木，应该拼接到哪里？

不碰到 ，然后移动到舞台边缘的时候就是成功了，

所以拼接到脚本的最后不就好了吗？

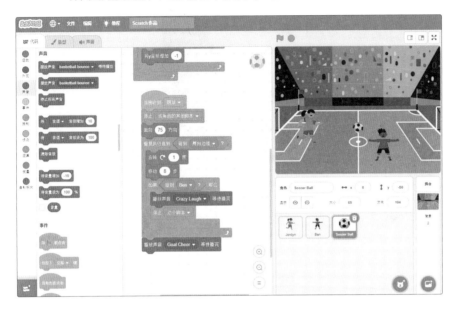

的确是这样。这样足球游戏就完成了，大家一起来玩游戏吧！

 太好啦！

射门失败了。

射门成功。

制作『拼图游戏』吧！

第4课

在这里，你可以了解图形编辑器的使用方法。

使用Scratch
也可以画画吗?

 老师,您好!我今天又带了新朋友过来!

 老师好,我是洁月。

你好,洁月。

 洁月擅长绘画,她可以用小酒杯画画。

是吗,下次可以展示给我看看。

 我听上井说使用Scratch也可以画画,是真的吗?

是真的哦！Scratch是编程工具中少见的附带图形编辑器的软件。因此，只使用Scratch就能开发游戏。

制作游戏通常需要很多工具吗？

一般情况下，必须使用其他软件或者应用程序来绘制需要的图像。

啊！真厉害啊！真想快点使用一下Scratch这个工具。

那么，我们就用图形编辑器来修改Scratch角色库中的恐龙，制作拼图游戏吧。

太赞了！

我们今天还是使用个人计算机哦！

一起制作
"拼图游戏"吧!

扫码看视频

洁月干劲十足地说:"我要画画",上井说:"我可能不擅长画画"。那么,洁月的编程能力到底如何呢?

首先你需要单击 缩略图右上角的删除标志删除这

个小猫角色。接下来,将鼠标放在界面右下角的 图标

上,再单击 搜索图标进入Scratch角色库添加新

的角色。

如果显示了选择角色的画面，请在"动物"分类中选择

 角色。

好可爱的恐龙呀!

从Scratch 3.0开始增加了很多新的角色。你也可以尝试使用除这个角色外的其他角色。

接下来，将鼠标放在界面右下角的 图标上，再单击

 图标进入Scratch背景库，选择"户外"分类中

的 背景。

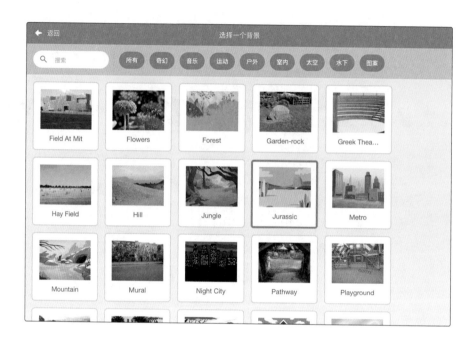

 背景也超级可爱！

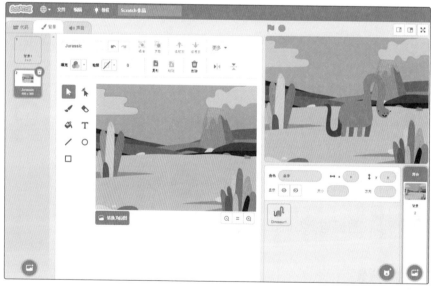

现在看到的画面就是图形编辑器。这次就使用这个背景制

作拼图游戏。如果你想修改 的造型，可以在当前界面

单击舞台下面的 缩略图，直接切换到该角色的造型

选项卡中进行图形编辑。

恐龙出现在了左侧的界面中。

在这块画布上可以改变恐龙的形状和颜色。

Scratch真厉害！

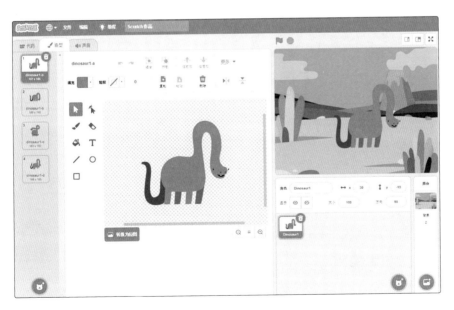

画布是什么？

图形编辑器中带有角色造型的部分，可以在这里绘制、修改和编辑图像。

请同学们先复制一个 角色，理由稍后说明。鼠标右击

 缩略图就可以进行复制了。如果出现 这

个画面，单击"复制"就好了。

变成了两只恐龙。

我们需要使用图形编辑器修改Dinosaur2的造型。原始的
Dinosaur1以后会用到，所以这里不对它做任何修改。那
么，让我们来了解一下图形编辑器的使用方法吧。

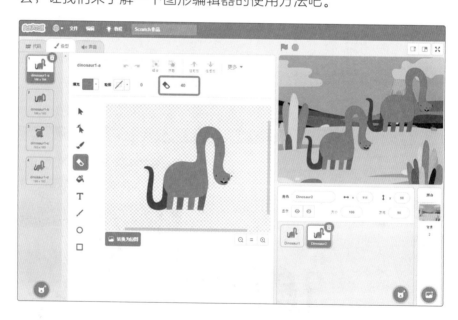

请从画布左侧的工具中选择 橡皮擦。你可以单击画布上

方 的数字部分修改橡皮擦的尺寸，这里改成6就可

以了。

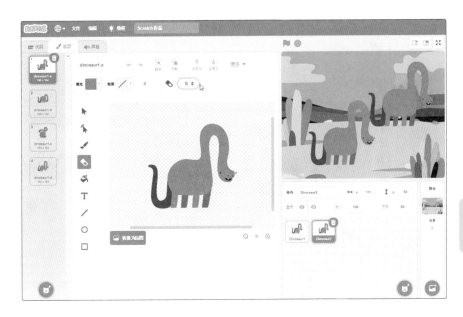

 老师要用 橡皮擦工具制作恐龙的拼图块吗？

 是的，现在明白了吧。就像洁月说的那样把恐龙分成拼图块，数量大约是4个。

 好的，我明白了。洁月，我们一起做吧。

 我做好了！

 哎，已经做好了？

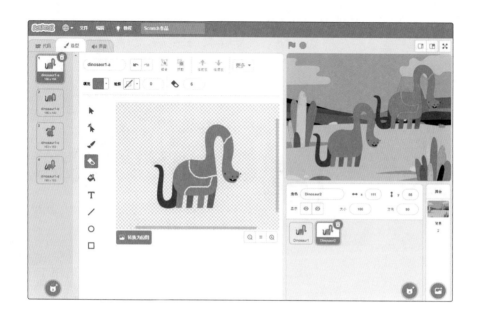

完美，洁月同学！

谢谢老师。

洁月，你好厉害啊！

但是如果同一个角色分成了4个拼图块，是不能分开移动这些拼图块的。

▌上井终于有了参与的感觉，很是得意扬扬。

难道每个拼图块要包含在不同的角色中吗？

112

上井注意到了很重要的一点。我们先来复制洁月制作的拼图角色Dinosaur2。

复制角色就交给我来做吧！鼠标右击Dinosaur2的缩略图

，在 中选择"复制"就好了。不过，要

复制几个呢？

3个啊！因为只要再复制3个就能制作出包含4个拼图块的角色了。

就像洁月说的那样复制3个。

复制好啦！

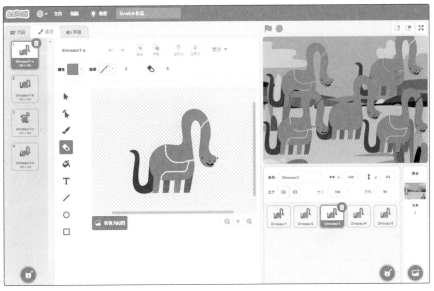

仅仅复制是不够的。

 啊？

 这4个恐龙角色里都包含所有的拼图块，我们要把每个角色中不需要的拼图块删除。

 说得很对！

 洁月，你太厉害了……

删除不需要的拼图块时，要使用选择工具，单击并选择不需要的拼图块，然后再单击画布上方的 按钮删除就可以了。单击画布上没有拼图的地方，按住鼠标从拼图的左上方拖动到右下方，会出现一个虚线框，在虚线框中可以选择多个操作对象。

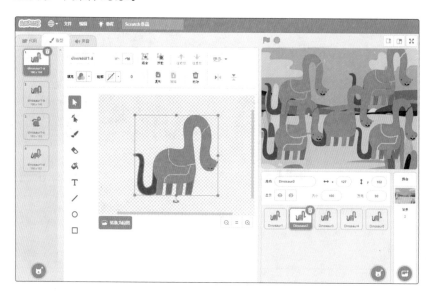

 我做好了！

 哎？这么快就做好了？

 Dinosaur2　　 Dinosaur3　　 Dinosaur4　　 Dinosaur5

 上图中的拼图图像都偏离了画布的中心位置，但是请不要移动它们的位置。如果移动拼图将画布的中心位置错开的话，之后制作的脚本将无法正确地移动它们，所以这次就先这样吧！

 好的，明白了。

 那么，接下来我们开始编程。先来制作没有任何修改的恐

龙角色Dinosaur1的脚本。单击右下方  缩略图选择

角色Dinosaur1，然后单击界面左上角的 [代码] 选项卡
打开代码区。

115

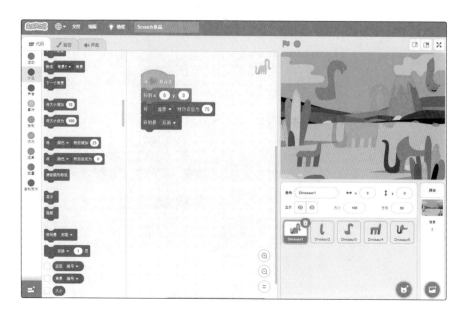

像上图这样拼接积木块。单击 按钮执行这个脚本，Dinosaur1会移动到舞台的中心位置（*X*坐标=0，*Y*坐标=0），外观变得透明，并且移动到了最后面的图层。

 真的是这样。恐龙移动到舞台中央，颜色也变得透明了。

我知道，将 虚像 ▼ 特效设定为 75 积木让恐龙变得透明了。

 单击 75 部分可以更改数字。改成100的话，恐龙就会完全看不到，改成0的话，恐龙就会回到原来的状态。

 移到 x: 0 y: 0 积木可以改变恐龙在舞台上的位置。

 是啊。数字0是可以改变的吧。

图层是什么？
将图像等元素重叠使用时的层级。

接下来，请大家把 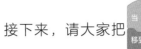 积木块分别添加到 角色中。要完成 积木，

我们可以单击 积木的 随机位置 部分，在

 中选择 Dinosaur1 。

 Dinosaur1就是刚才变透明的 角色吧。

 是啊。

 执行 积木块后，这些拼图块

  就会移动到 这里吧。

 额……也许是吧。

 上井，单击一下 按钮试试吧！

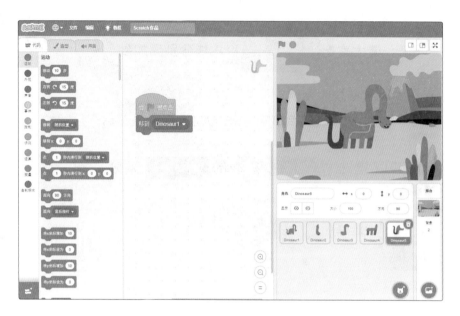

 真的！洁月说得没错！

 太好了。

洁月，你已经明白了。但是，你们知道为什么拼图块

 没有移动到 角色的中心位置，

而是移到了恐龙对应的形状位置呢？

118

执行 [移到 Dinosaur1 ▼] 积木的话，应该会移动到 的中心位置

变成这样 才对吧。

在图形编辑器中制作拼图时，老师说过"拼图图像偏离了
画布的中心，但不要移动它们的位置"，或许和你说的这句
话有关系，对吗？

你们两个都注意到了重要的地方。当你执行 [移到 Dinosaur1 ▼] 积
木时，拼图块就会移动到 的中心位置。但是，从
复制出的拼图块Dinosaur2、Dinosaur3、Dinosaur4、
Dinosaur5并没有移动过位置，所以拼图的中心位置就像
下图中的样子。

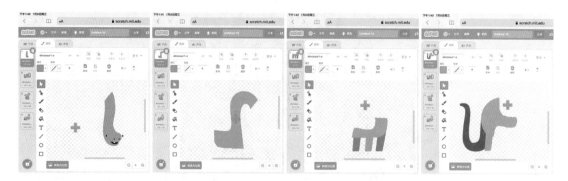

因此，如果拼图的中心位置和 的中心位置相同的话，

就会变成恐龙的形状。

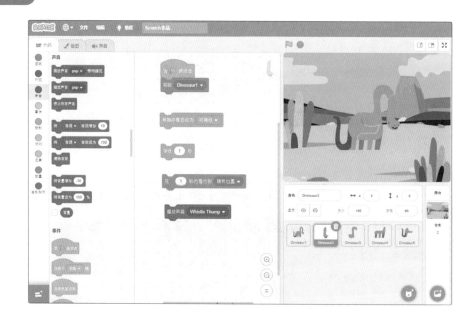

单击 ▶ 按钮，拼图块要移动到 中，请使用上图中的4个积木制作下面的脚本。

120

过1秒后，一边发出"Whistle Thump"的声音，一边移动到舞台上的随机位置。

提示

 积木与问题1无关。在单击 ⛶ 按钮进入全屏模式下玩游戏时，这个积木可以方便地拖动角色。当你需要在全屏模式下玩游戏时，需要添加这个积木。

使用Scratch也能发出声音吗？好厉害呀！

你可以直接单击Scratch界面左上角的  选项卡，再

单击界面左下角的 ，就可以添加声音了。

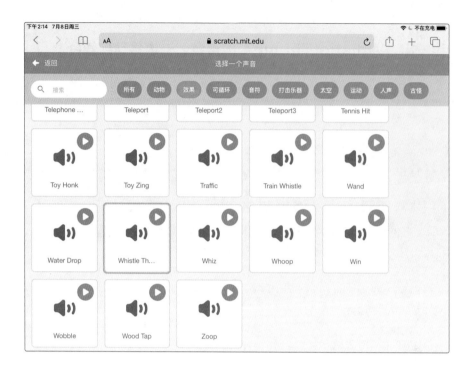

 这里有很多的声音，找到"Whistle Thump"可真是不容易。不过，能选择自己喜欢的声音真不错。

 也可以录下自己的声音使用哦！

 Scratch真有趣！

 对了，这就是问题的答案吧。

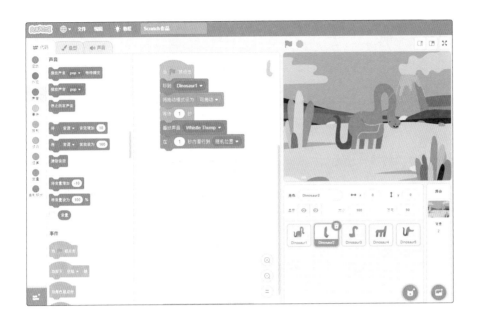

这次的问题不难吧。需要注意的是 积木和 播放声音 Whistle Thump 积木的拼接顺序。因为拼接的积木是按照从上到下的顺序执行的，如果在 在 1 秒内滑行到 随机位置 积木下面拼接 播放声音 Whistle Thump 积木的话，拼图块花1秒移动到舞台上的某个位置后，"Whistle Thump"的声音才会响起。

 其他的拼图块也需要添加相同的脚本吧。

是的， 这几个拼图角色中都

要添加这段脚本。声音数据也是，都需要各自添加。

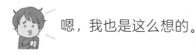 嗯，我也是这么想的。

问题2

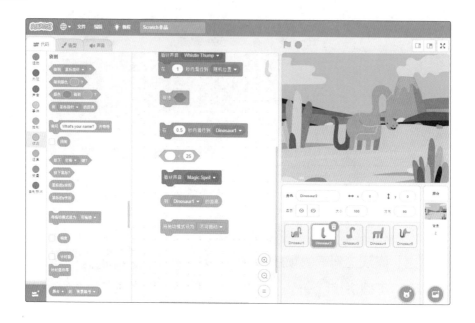

单击 🚩 按钮分散组成 的各个拼图块，并在1秒后各自移动到舞台区的

随机位置。请使用上图中的6个积木在 的代码区制作下面的脚本。

如果拼图块和 之间的距离小于25像素，那么在0.5秒内，拼图块移

动到 ，发出"Magic Spell"的声音。

什么是像素？

计算机处理图像时的最小单位。在Scratch的舞台中，横向是480像素，纵向是360像素。例如，当你执行 移动 10 步

124 积木时，角色会移动10像素。

提示 •••

请在 `等待 到 Dinosaur1 ▼ 的距离 < 25` 积木后面添加 `将拖动模式设为 不可拖动 ▼` 积木。执行这个积木后，在全屏模式下就不能拖动角色了。也就是说，如果拼图移动到正确的位置，就不能使用拖动操作了。

••

 出现了各种形状的积木呢！

 可以在积木中拼接不同形状的积木哦！例如，如果在 `等待` 积木的六边形部分放入 `◯ < 25` 积木，就能制作出 `等待 ◯ < 25` 这样的积木块。

 好有趣啊！那么，`等待 ◯ < 25` 积木块里的 `◯` 椭圆部分可以拼接 `到 Dinosaur1 ▼ 的距离` 积木，对吧？

 洁月，你理解得好快呀。

 变成 `等待 到 Dinosaur1 ▼ 的距离 < 25` 这样了！

只要单击 `到 鼠标指针 ▼ 的距离` 积木的 `鼠标指针 ▼` 部分，从  中选择 Dinosaur1 就可以制作出 `到 Dinosaur1 ▼ 的距离` 积木了。

这个 积木块表示等待直到与Dinosaur1

的距离小于25为止，所以这个积木块表达了 **"如果拼图和**

 之间的距离小于25像素" 这句指令的含义，对吧？

是的。 积木中六边形部分拼接的条件成立之前，不

会执行下面的脚本。也就是说，如果 积

木块的条件成立，那么，拼接在 积

木块下面的积木就会开始执行。

 那么，把实现 **"在0.5秒内，拼图移动到 中，发出**

Magic Spell的声音" 这个命令的脚本拼接到

积木块下面就可以了。

完全正确！

 也就是说，这是正确的脚本。

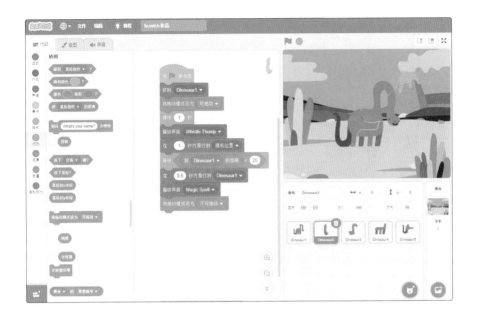

上井、洁月，你们做得很棒！在另外

三个拼图块角色中添加相同的脚本和声音数据，就完成这

个游戏的制作了。

  太好了！

单击舞台区右上角的 按钮，可以在全屏模式下玩游戏哦！

单击 🏳 按钮，集中在Dinosaur1中的拼图块会移动到舞台

的随机位置。

拖动拼图块，成功拼成恐龙形状的话，游戏就通关了！

制作『声音游戏』吧！

第5课

在这里，你可以学习使用声音控制角色的方法。

旺财也能
玩游戏吗？

 老师，您好！今天也请多多关照哦！

 老师好，这是旺财，我养的狗。

 汪汪！

你好呀，要和我们一起上课吗？

 旺财很乖的，可以进教室吗？它的脚也会洗干净的。

 可以，一起进来吧！

 今天又要制作什么样的游戏？

使用个人计算机中的麦克风功能制作游戏怎么样？

啊？用声音也可以玩游戏吗？

 虽然做不到很高深的程度，但是使用Scratch的话，可以测量麦克风发出声音的大小。

 只是通过测量声音的大小就能控制游戏了？

 汪！

 看来旺财也很感兴趣。

 说不定能制作出连旺财都能玩的游戏。

 啊！不会吧！

 汪！汪！（对着上井叫）

 快看，旺财好像对上井有意见。（大笑）

 哈哈哈！大家准备制作今天的游戏吧！

一起制作
"声音游戏"吧！

扫码看视频

▶ 今天大翔养的狗旺财也一起来到了编程教室，就连旺财也能玩游戏吗？

首先你需要单击 缩略图右上角的删除标志删除这个

小猫角色。接下来，将鼠标放在界面右下角的 🐻 图标上，

再单击 搜索图标进入Scratch角色库添加新的角色吧。

在"动物"分类中分别选择  这三个角色。

 完成了。

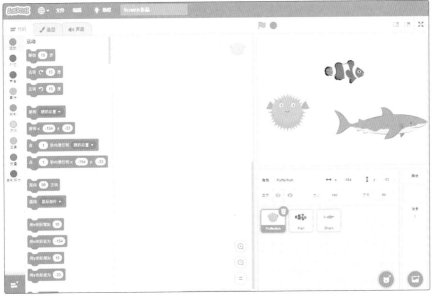

接下来，将鼠标放在Scratch界面右下角的 图标上， 再单击 中的搜索图标，打开Scratch背景库，在"户外"分类中选择 背景。

 哇！今天是在海里玩游戏！

 汪！

 旺财看起来很高兴。

 真的吗？

 汪！汪！（对着上井叫）

 对不起，对不起。

 旺财，不要这样！

 哼哼……

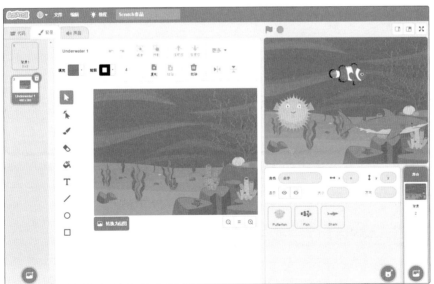

接下来，我们先从 角色开始编写脚本吧！

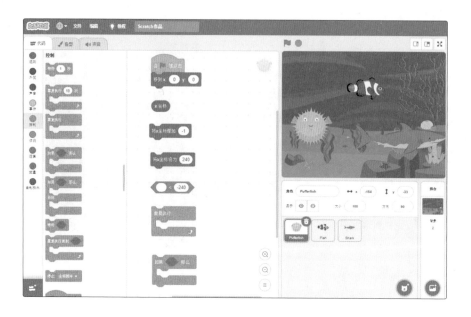

单击 ⚑ 按钮后， 将瞬间移到舞台中心。请使用上图中的6个积木制作下面的脚本。

如果 持续向左移动，当X坐标小于-240时，它会瞬间移动到X坐标=240的位置，然后继续向左移动。

因为X坐标表示横向的位置，Y坐标表示竖向的位置，所以

执行 将x坐标增加 -1 积木的话， 就会横向移动。

是的。这里X坐标是以-1为单位一步步改变的。

将 积木和 积木拼接在一起组成

积木块，可以实现**"持续向左移动"**的效果。

 如果要实现 **"X坐标小于-240"**，可以将 、

 和 这三个积木拼接在一起组成

 积木块，怎么样？

 我觉得这样拼接是可以的，然后再加上 积木应该就可以了。

 虽然看起来很难，但是一步一步去思考的话也没那么难了。

 汪！

难道旺财也很开心吗？

程序完成后，不要忘记单击  按钮确认脚本是否正确。

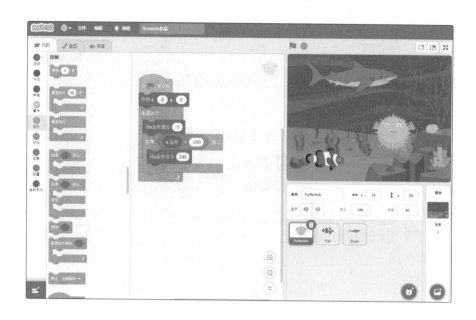

 太好了！可以正确地移动！

  移动到舞台的左端后会瞬间移动到舞台的右端。

 汪！汪！

问题2

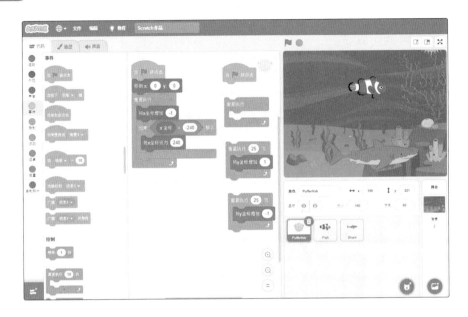

请使用上图中的4个积木制作下面的脚本。

角色 ![Pufferfish] **一边上下移动，一边向左移动。**

 拼接的积木中还有一个 ![当▶被点击] 积木，是什么意思啊？

 莫非还有别的用处？

 要让角色可以上下移动，只要改变Y坐标就好了。

把  积木块和 积木块拼接到刚才制作的

脚本里就可以了。

 拼接好之后，还剩下 积木和  积木。老师，

这样可以吗？

你可以单击 按钮，执行程序确认一下。

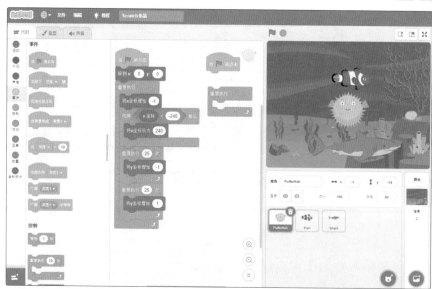

 只能上下移动了。

不能正确移动的原因是你们在同一个 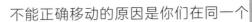 积木中拼接

了 、 和  三个积木块。我们知

道，拼接在  积木中的积木块是按照从上到下的顺

序执行的，所以执行 将x坐标增加 -1 积木向左移动1像素后，

重复执行 25 次 将y坐标增加 -1 积木块和 重复执行 25 次 将y坐标增加 1 积木块会按顺序被执行。也

就是， Pufferfish 在向左移动1像素后，向下移动-1x25次=-25

像素，然后向上移动1x25次=25像素，然后再向左移动1

像素，如此重复，横向的动作和纵向的动作相比太小了，

看起来好像只有上下移动。

果然还是需要  积木和  积木……

汪！

下面是问题2的答案。拼接完成后，单击 按钮试试吧！

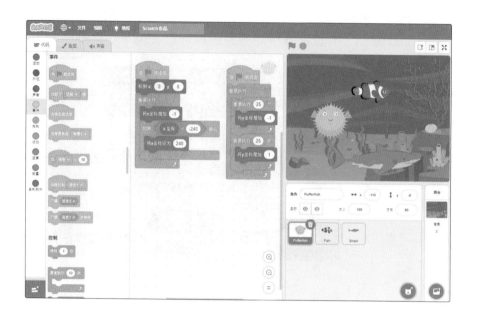

 咦？可以正常地移动了！

 原来可以同时使用两个 当▶被点击 积木！

对呀！使用两个 当▶被点击 积木的情况下，各自的脚本可以同时被执行。与拼接 将x坐标增加 -1 积木的 重复执行 积木不同，

重复执行 25 次 将y坐标增加 -1 和 重复执行 25 次 将y坐标增加 1 积木拼接在了另一个 重复执行 积木中，重复执行 将x坐标增加 -1 积木时，和同时被执行，所以， 可以一边向左移动一边上下移动。

想同时执行多个脚本的时候，可以使用多个 积木，
只要在各个 当 被点击 积木下面拼接不同的脚本就可以了。

说得没错！在编程中，这样的处理被称为并行处理。上井
和大翔最初制作的错误程序是串行处理。
接下来，我们编写测量音量大小的程序。

太好了！

汪！

刚才我们已经说了，Scratch中可以识别麦克风检测到的声
音大小。返回声音大小的积木是 ● 侦测分类中的 响度 积
木。 响度 积木使用数值0～100表示声音的大小。
注意，这和 ● 声音分类中的 音量 积木是不同的。 音量 积木
用来设置角色或背景等播放声音的音量。

在个人计算机的麦克风附近大声说话， 响度 的值就会变
大。

勾选 ✓ 响度 前面的复选框的话，舞台上就会显示
响度 3 。你们可以观察一下响度是如何变化的。

汪！ 响度 34

什么是并行处理和串行处理？
并行处理是指同时进行多个工作（作业）的处理，串行处理是指按顺序逐一进行多个工作（作业）的处理。

哈哈哈！旺财的叫声让响度的值变高了！

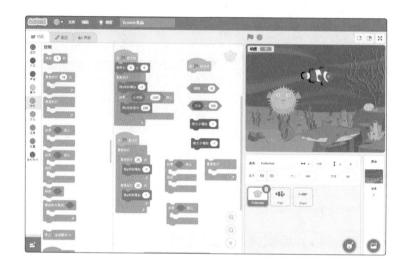

请使用上图中右边的8个积木制作下面的脚本。

如果个人计算机的麦克风检测到响度大于10， 的大小会以1为单位逐步增加。如果响度低于10，则将大小以-1的方式逐步减少，直到这个角色的大小是100为止。

虽然有这么多积木，看起来很难，但是只要像刚才那样一步一步去思考的话应该是可以做到的。

把  积木、 积木和 将大小增加 1 积木拼接起

来组成  积木块就可以实现"**麦克风响度如**

果大于10的话， **的大小会增加1**"这个命令。

 是啊。但是，实现"**如果响度在10以下**"应该用哪个积

木？提示积木块里并没有这样的积木啊。

 啊，难道要使用  积木来实现吗？

 是啊！如果在"否则"的部分加入 将大小增加 -1 积木组成

 积木块的话，在不满足 大小 > 100 的条件时会

执行 将大小增加 -1 积木，因此不需要再添加"响度在10以下"

的判断真假的积木块了。

 我觉得可以使用  积木和 积木实现"**直**

到100为止， **的大小以-1的方式逐步减小**"，对吗？

给你一个提示吧！"直到100为止，的大小以1为单位逐步减小"和"如果大小在100以上，则将大小以1为单位逐步缩小"的意思是一样的。

我明白了！把积木、积木和积木拼接起来组成积木块后，只有的大小在100以上的时候 将大小增加 -1 积木才会被执行，这样就实现了"直到100为止，的大小以1为单位逐步减小"。

理解的不错，这就是问题3的正确答案了。试着单击 🚩 按钮看看执行效果吧！

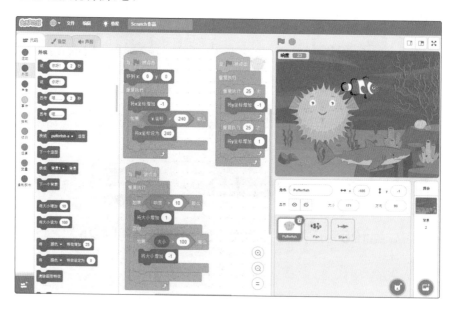

146

 汪！汪！汪！

 旺财一叫， 就变大了！

 哈哈哈！太好玩了！

哈哈哈！旺财也很棒！

 旺财安静下来，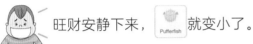 就变小了。

接下来，我们要开始制作 的脚本了。

 好的！

 汪！

147

单击 🏳 按钮后， 转向90度(右)方向，瞬间移动到*X*坐标=-240,*Y*坐标 =-120的位置。请使用上图中的5个积木制作下面的脚本。

 持续向右移动，当X坐标大于240时，会瞬间移动到X坐标=-240 的位置，然后继续向右移动。

和 的向左运动很相似。

既然  是向左移动， 是向右移动，那编写方向相反

的脚本不就好了嘛！

不错的想法。当你单击 🚩 按钮后会发现 向右移动，

而且，当它移动到舞台最右端时会瞬间回到最左端重新开

始向右移动。

单击Scratch界面左上角的 ✏️造型 选项卡改变一下角色

的造型吧！在下一页的图中我们可以看到 有四个造

型，选择 造型的话，舞台下面的角色缩略图也会跟着

一起变化哦！

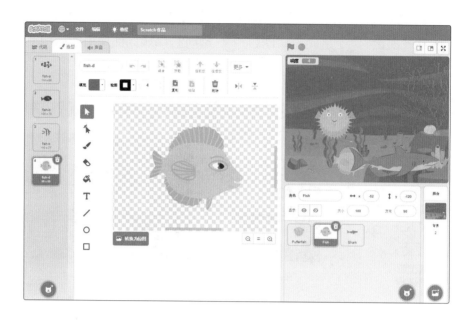

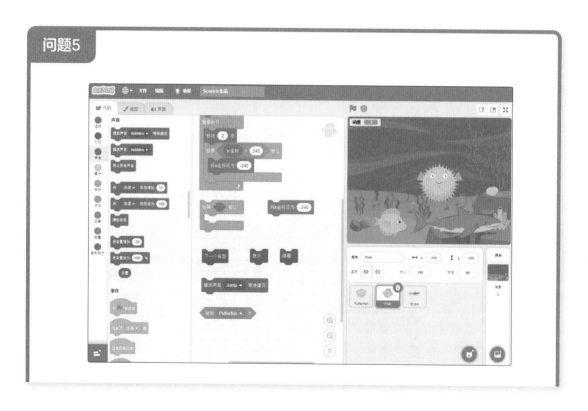

请使用上图中的7个积木制作下面的脚本。

如果 在向右移动的过程中碰到了 ，那么 就会消失并发出"Jump"的声音，然后瞬间移动到X坐标=-240的位置。之后， 的造型会改变并继续向右移动。

  的名字是Pufferfish， 积木表示碰到

 的意思。"如果碰到 "，可以用

积木和 积木拼接在一起来实现。

 是啊。之后在  中按顺序拼接剩余的积木

就可以了。

 汪！

同学们如果完成脚本的话，就单击 按钮运行一下吧！

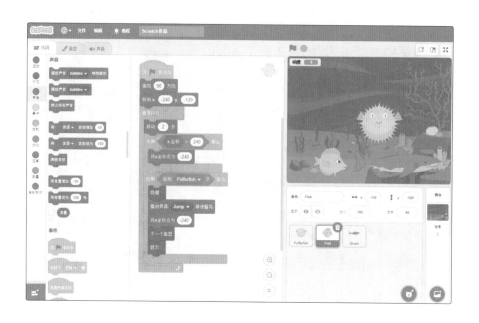

 通过麦克风的音量让 变大了， 碰到 后发出

"Jump"的声音就消失了。

 太好了！

汪！

同学们你们太棒了，编写出了正确的脚本。最后，我们来
编写鲨鱼的脚本吧！

问题6

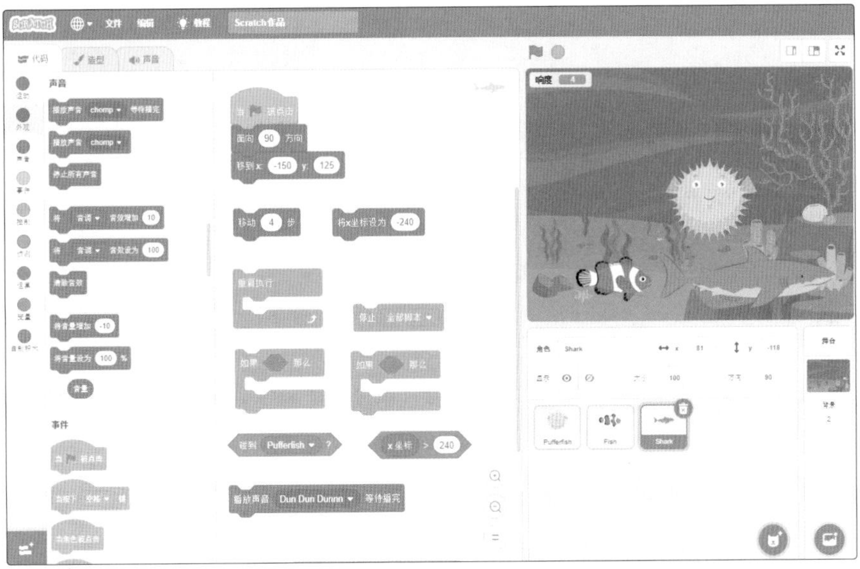

单击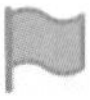按钮后，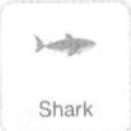

转向90度(右)方向，瞬间移动到X坐标=-150,Y坐标=125的位置。请使用上图中的9个积木制作下面的脚本。

持续向右移动，当X坐标大于240时，会瞬间移动到X坐标=-240的位置，然后继续向右移动。如果碰到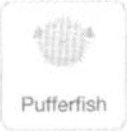

，会发出“Dun Dun Dunnn”的声音，停止全部脚本。

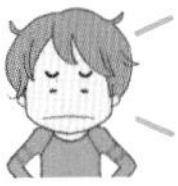

和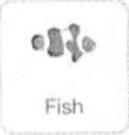

的脚本很像吧。

是啊！不过，不同之处就是一旦碰到 ，脚本就会全部停止。

 那我们可以参考 的脚本来编写 的脚本。

 很简单，我做好了哦！

 汪！汪！

看来参考 的脚本很有效率啊。那么，单击 ▶ 按钮运行程序吧。

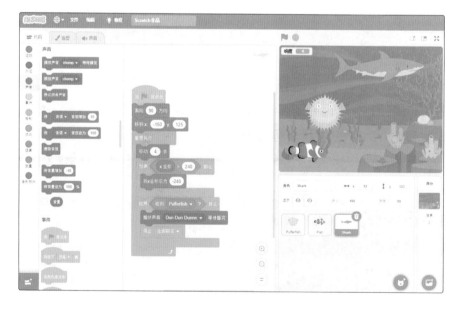

当 碰到 的时候，全部脚本就停止了。

 也就是说，这是正确的程序。

声音游戏制作完了。你们两个人做得很好，旺财也很棒哦。
制作让大家开心的脚本我也很开心。

哇噢！

对着计算机发出声音， 变大了，碰到 的时候，

 就消失了。

当 碰到 时，所有的脚本都停止了，游戏结束！

第6课

制作「打鼹鼠游戏」吧！

在这里可以了解自制积木的使用方法哦！

通过编程
会产生友情吗？

 老师好！

咦，阿甘和洁月也成为朋友了吗？

 对呀，最近我们都在一起学习编程。

通过编程能产生友情真是太让人
高兴了。

 在一起学习编程自然地就成为好
朋友啦！

洁月也来了，今天我们使用个人计算机制作一个新游戏吧。

哇！好期待！

我也很好奇。

真的是迫不及待要开始学习这节课的内容了。

你有什么想做的游戏吗？

我想做一个打鼹鼠的游戏。我没怎么玩过游戏。但是，之前和家人去泡温泉的时候玩过打鼹鼠游戏，当时玩得非常开心。

好啊！我们今天就做这个游戏吧！

一起制作"打鼹鼠游戏"吧！

扫码看视频

> 洁月正在使用个人计算机操作Scratch，阿甘在旁边讲解操作方法，久乐老师一直在旁边听着他们的对话。

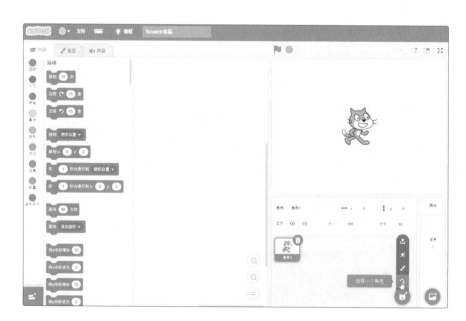

首先，需要单击 缩略图右上角的删除标志删除这个

小猫角色。接下来，将鼠标放置在界面右下角的 图标

上，再单击 搜索图标进入Scratch角色库添加新

的角色。

在Scratch角色库中单击"奇幻"分类，然后选择 角色。

 好可爱的妖怪。

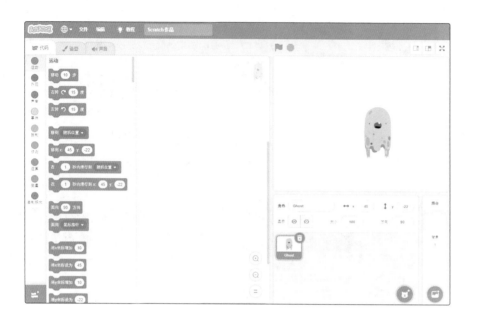

在编写脚本之前，我们单击 选项卡看看它的造型吧！

 有四个不同的造型。

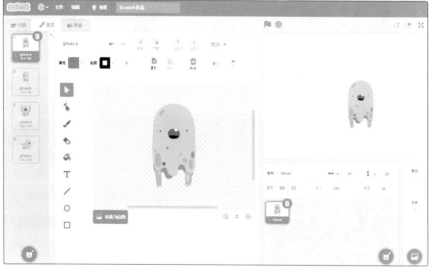

是 这四个吧!

这些造型都太可爱了,我全部都想用。

那么,尽可能多尝试不同的角色吧。下面我们来选一个背景,将鼠标放在Scratch界面右下角的 图标上,然后单

击 搜索按钮进入Scratch背景库,选择 背景。

背景好酷哦!

非常适合打鼹鼠的游戏。

单击舞台下面的缩略图 ，然后再单击 选项卡

就可以开始编程了。

 又看到了各种积木、脚本区和舞台区。

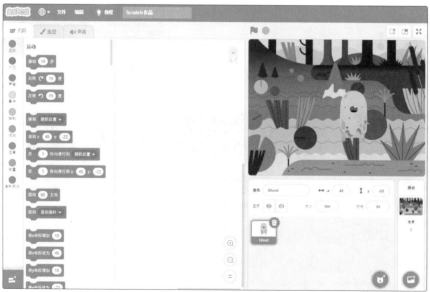

单击 🏳 按钮，将角色大小设置为35%，然后将造型设置为ghost-a，瞬间移动到X坐标=0，Y坐标=0的位置。请使用上图中的7个积木制作下面的脚本。

重复执行" 向上移动，即Y坐标增加1x5次（5像素），等待0.5秒，然后向下移动，即Y坐标增加-1x5次（5像素），等待0.5秒"的动作。但是， 向上移动的时候是ghost-a造型，向下移动的时候是ghost-b的造型。

这些积木之前也用过吧，看着都很熟悉。

是啊。首先，我们把问题一个一个地按顺序分析考虑吧。"向上移动，即Y坐标增加1x5次（5像素），等待0.5

秒"可以通过 积木块实现。

"向上移动的时候是ghost-a造型"，所以还应该在你

说的这个积木块前面拼接 换成 ghost-a ▾ 造型 积木。

 "向下移动"的时候只要使用 将y坐标增加 -1 积木换成反方向移

动就可以了。

 实现"向下移动的时候是ghost-b的造型"就要用到

换成 ghost-b ▾ 造型 积木了。

单击 按钮，执行你们编写的脚本……确实， 可以

上下移动，当向上移动时变成 造型，向下移动时变成

造型。

问题2

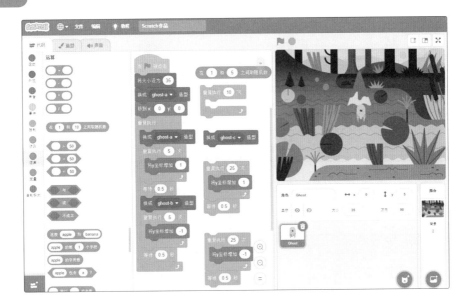

单击 按钮， 以5个像素为单位上下移动。请使用上图中的5个积木制作下面的脚本。

以5个像素为单位上下移动，重复1-5次后，将造型变成 ghost-c，然后，以Y坐标增加1x25次（25像素）的方式大幅上下移动。另外，将编写的脚本添加到 积木中。

将 和 拼 接 在 一 起 组 成

 积 木 块 ， 然 后 将 刚 才 拼 接 好 的

 积木块放入其中，就可以实现" **重复执行**

1-5次"的效果了。

 是啊。如果在这个积木块下面再加上"**将造型变成 ghost-c，以Y坐标增加1x25次（25像素）的方式大 幅上下移动**"的脚本，就可以反复进行1-5次小幅度的上 下移动，然后再大幅度上下移动。

 全部拼接好就是下面这样子的吧！脚本有些长，我要单击

按钮试试效果了。

脚本制作得不错嘛！已经实现了"小幅度上下移动重复1-5次后变成大幅度上下移动"的效果。接下来，我们学习制作自定义的积木，让脚本更容易阅读。

 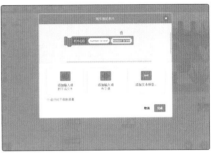

单击 ● 自制积木分类中的 〔制作新的积木〕 按钮可以制作自定义的积木。同学们请单击两次 〔添加输入项 数字或文本〕，为自定义积木添加两个自变量。自变量的名字是可以修改的，单击自定义积木块 〔积木名称 number or text number or text〕 中的自变量名字部分，将其修改成 〔积木名称 次数 Y坐标〕 积木中的名字，再单击 〔完成〕 按钮。制作的 〔积木名称 ○ ○〕 积木会显示在自定义分类的积木区，这时就可以在脚本区添加自定义的 〔定义 积木名称 次数 Y坐标〕 积木了，积木的名称也可以换成自己喜欢的名字，这次就先这样使用。

我们先回到之前编写得很长的脚本中吧。从脚本中可以看出，虽然重复次数和Y坐标每次增加的值不同，但都是重复执行 〔重复执行 5 次 将y坐标增加 1 等待 0.5 秒〕 积木块。将这个重复使用的积木块拼接到自

定义积木 〔定义 积木名称 次数 Y坐标〕 的下面，变成 积木块后，

再将自变量  拼接到  所示的位置。

如果设置自定义积木 积木名称 ⬭⬭ 的自变量部分为 积木名称 5 1，

就会执行 积木块；设置自变量的部分为

积木名称 25 -1，则会执行 积木块。像这样使用自定

义的积木，可以很容易地修改脚本。

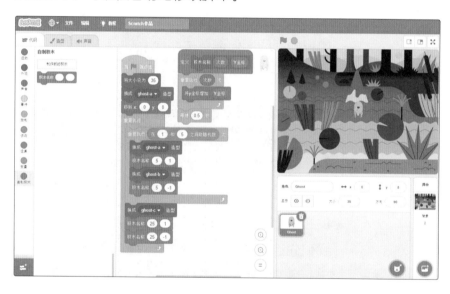

确实，脚本变得简洁了，也更容易阅读了。

 如果使用自定义的积木，就可以制作出属于自己的原创积木了。

 会重复使用的积木块就可以做成自定义积木。

问题3

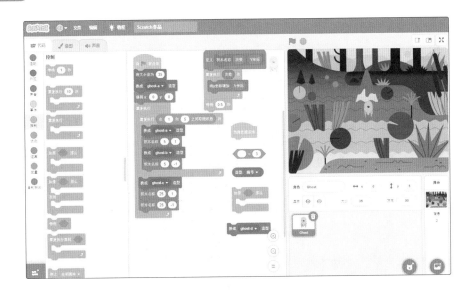

请使用上图中的5个积木制作下面的脚本。

变成 造型大幅度上下移动的时候，如果用鼠标单击角色的话，

就会变成 造型。

造型 编号▼ 积木是什么意思？

难道是  这些造型左上角的号码吗？

说得没错。

不仅造型的名称可以指定角色的造型，编号也可以。

 造型的编号是3，所以将 和  拼接

起来就可以组成 造型 编号▼ = 3 了。

对呀！知道了这些，写出正确的脚本就没有那么难了。不过，下面这个脚本并不是最终的正确答案哦！

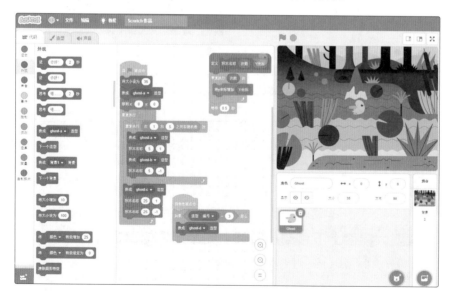

单击 按钮后， 变成了 ghost-c 造型，在大幅度移动的

时候，用鼠标单击它就会变成 ghost-d 造型。

问题4

请使用上图中的5个积木制作下面的脚本。

Ghost 变成 ghost-c 造型大幅度上下移动的时候，发出 播放声音 Jump ▼ 的声音，用
鼠标单击它时，会发出 播放声音 Squeaky Toy ▼ 的声音。

 理解 Ghost 的脚本之后，这个问题也很简单。

 在 Ghost 大幅度移动的脚本中添加 播放声音 Jump ▼ 积木。单击

Ghost 的时候，在把造型 ghost-c 变成造型 ghost-d 的脚本中拼接

播放声音 Squeaky Toy ▼ 积木就可以了。

 我要单击 按钮看看运行效果。

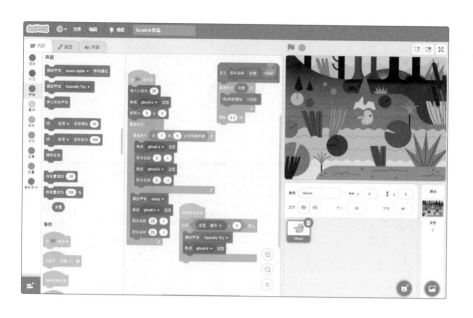

同学们写出了正确的脚本。声音变得响亮了。

但是，如果 不藏在土里的话，看起来就不像打鼹鼠的游戏了。

确实不像。有没有什么东西可以让 隐藏起来？比如隐藏在背景后面。

很遗憾地告诉你，在Scratch中，角色不能放在背景后面。

我们可以做一个土堆将 藏起来。

在编程教室里，还是洁月最聪明。

我一直都很聪明！

 还可以制作"土堆"角色？

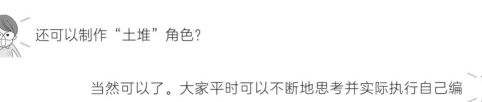 当然可以了。大家平时可以不断地思考并实际执行自己编写的脚本。出错了，未必是坏事。而且，在编程的时候，即使出错也能很快地改正错误。因此，大家不要因为害怕犯错而不敢大胆地思考或者迎接挑战，这才是我们要克服的关键问题。

 编程的思维方式对我来说再合适不过了。

 的确是这样（笑）。

 我们可以使用 [绘制] 功能自己画一个"土堆"。

我们可以在 [填充 ■] 中选择棕色系的颜色 绘制土堆。此外，在 [轮廓 ■] 中可以选择左下角的 [/]，如果不设置边框选择 [轮廓 /] 就可以了。

选择 ⭕ 工具，然后在画布上拖动，制作出像下面这样的
椭圆不就好了吗？

 像你这样画看不出是土堆。还是用改变形状的  工具将
它变成下面这种样子比较好。

不愧是洁月，土堆也变得可爱了。可以使用 [移到最 前面▼] 积木

将 [角色1] 放在 [Ghost] 前面，通过鼠标把 [角色1] 移动到 [Ghost] 隐藏

的位置。按照此时的坐标值，使用 [移到 x: 0 y: -10] 积木设置它的

坐标位置，单击 ⚑ 按钮……啊！有点像打鼹鼠的游戏了！

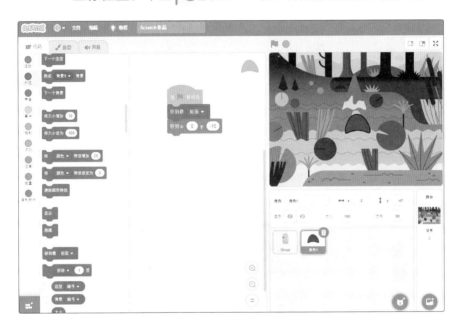

同学们按照自己的想法制作的土堆真是太棒了。

我想要更多的 [Ghost] 和 [角色1] 来增加游戏的趣味性。通过复

制功能可以添加吧。

你也可以通过 [克隆 自己▼] 积木克隆角色，同样可以复制角色。
这次我们还是使用"复制"功能吧！

右键单击角色的缩略图 和 可以出现"复制"功能。看到 复制 / 导出 / 删除 选择 复制 就可以了。不仅角色造型会被复制，就连脚本也会一起被复制。

 但是，还需要注意 和 的X坐标和Y坐标的位置。

 是，是啊。差点忘了这一点。

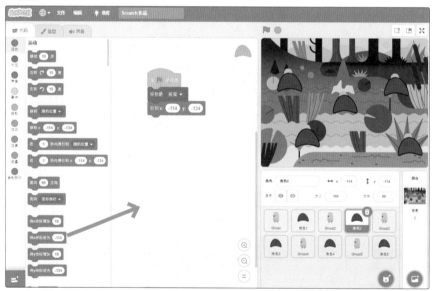

 在舞台上调整角色的位置时， ●运动分类中 移到x: -155 y: 52 积木的值也会同步改变，所以我们在舞台上调整好位置后，直接将此时的积木拖到脚本区使用就好了。

178

哇！你好厉害！

 这个我也知道，只是刚才没起想起来。

 当 小幅度上下移动的时候，把 移动到只有

的头部能看到的位置。

如果在那个位置的话， 角色变成 造型大幅度上下

移动的时候就能看到一半以上的身体了，所以非常完美。

 制作5个 和5个 就可以了。

 想快点完成游戏，要不就先这样吧！

 上井，游戏好像已经完成了。

恭喜同学们，你们已经完成了打鼹鼠游戏。

 太好了！

大家赶快一起来试试游戏吧！

用鼠标单击跳出 的   吧！

单击成功后，变成了  造型。

第 7 课

在这里可以学习克隆的使用方法。

制作『寻找不同的游戏』吧！

什么是
克隆？

 老师，您好！（两人大口
地喘气）

 同学们好！你们两个这是怎么了？

 洁月说她很在意上次课堂上提到
的"克隆"，所以就赶快过来了。

 因为想要早点儿知道克隆到底是
什么，所以就忍不住跑着过来了。

Scratch中的克隆可以制作角色的分身（复制）。

上次在打鼹鼠游戏中复制了一些 和 ，是不是也可以通过克隆实现复制的效果？

对，就是这样。那我们今天就来通过克隆制作一款寻找不同的游戏吧！

什么是克隆？我也要加入。

初次见面，你好，我叫洁月。

你好，我是大翔，请多指教。

彼此又认识了新的伙伴哦（微笑）！

一起制作
"寻找不同的
游戏"吧！

扫码看视频

▌上井说："自己制作自己的分身，这简直就像科幻小说里写的一样。""但是，如果真的有
分身出现的话，一定会被吓一跳吧。"洁月说道。

像往常一样，单击 缩略图右上角的删除标志删除这

个小猫角色。接下来，将鼠标放在界面右下角的 图标

上，再单击 搜索图标进入Scratch角色库添加新的角色。

在 "动物" 分类中选择  角色。接着，将鼠标放在

Scratch界面右下角的 图标上，然后单击 图标进入

Scratch背景库，在 "户外" 分类中选择  背景。

制作『寻找不同的游戏』吧！

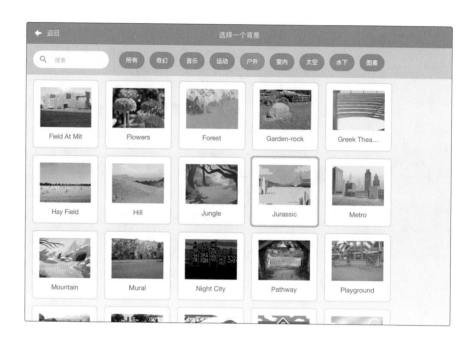

 好可爱的粉色恐龙。

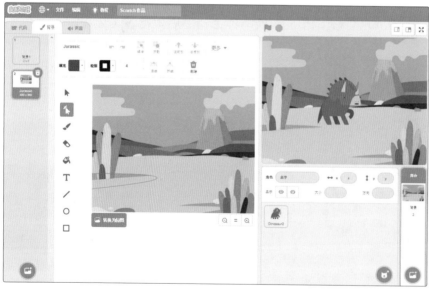

在编写脚本之前，先单击舞台下方的 角色缩略图，然

后单击脚本左上角的  选项卡。

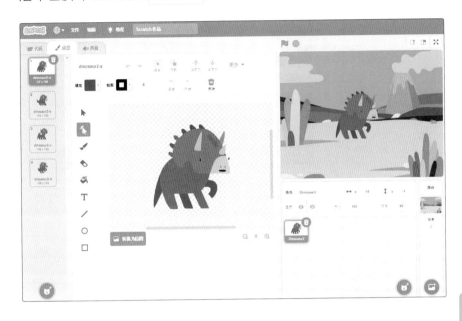

 有4种造型呢！

是  这4个吧。你看，每种造型都有所

不同。

 这次也想把它的造型都尝试一遍。

好呀，那就试试吧。单击 代码 编写脚本，如下图所

示，将大小改为50%，方向设置90度（向右），再将位置

移动到X坐标=-200，Y坐标=0的积木下面拼接 克隆 自己 积

木。完成脚本后，单击 执行看看。

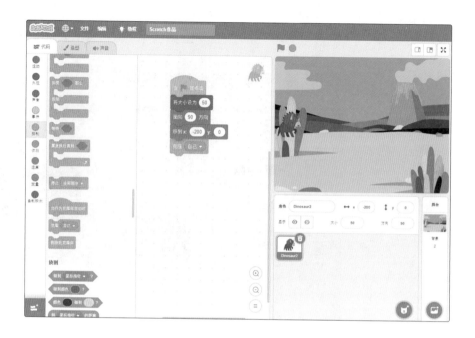

 并没有任何变化啊。

你在  下面拼接 将x坐标增加 100 积木，然后单击 ▶ 按钮

试一试。

 变成2只了!

不知道哪一个  是克隆的。

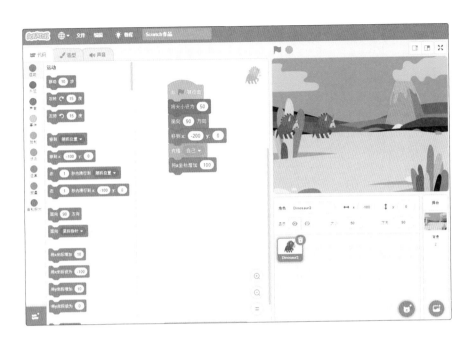

左边的  是克隆的。在添加 将x坐标增加 100 积木之前你看不到任何变化，实际上是因为真正的 和克隆的 在相同的位置重叠着。执行 将x坐标增加 100 积木后，真正的 移动到了右边，就像舞台上出现了两只 。

原来是这样啊！

接下来，把 克隆 自己、将x坐标增加 100 拼接在 重复执行 5 次 里面，然后单击 按钮试试。

 出现了5只  。

因为重复了5次，所以应该是5只克隆的恐龙加上1只恐龙的真身，一共是6只……

右边的那只 只能看到它的屁股，那是恐龙的真身吗？

不愧是大翔，观察得真仔细，你说得对。

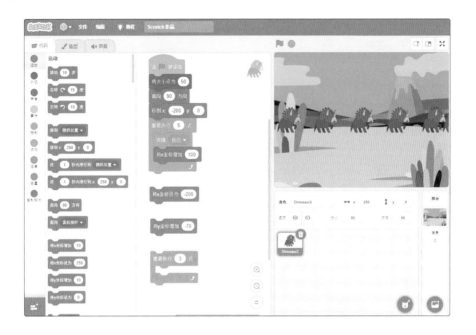

单击 🚩 按钮后，在X坐标轴的方向上制作5只克隆的 。请使用上图中的3个积木制作下面的脚本。

将X坐标和Y坐标错开，一共克隆15只 。但是，为了不让克隆的恐龙重叠，需要将它们在舞台上分散显示出来。

 通过 脚本可以克隆5只，如果用 积木将这

个脚本包含起来，就可以克隆15只 了。

但是，如果不改变X坐标的话，克隆出来的恐龙就无法全部显示在舞台上了，如果不改变Y坐标的话，克隆的恐龙就会重叠在一起。

是啊，是啊。

洁月真厉害。

没有大家说的这么厉害……这样分析之后，就可以顺利完成脚本啦。

呃？那快点单击 按钮试试吧。

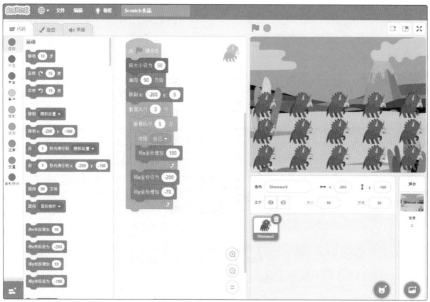

好厉害啊！15只 全部出现在舞台上了！

做得不错。你们知道真正的 是哪一个吗？

 我会找到的。嗯……找到了！舞台左下方露出头部的

是它的真身！

回答正确。

 如果只是把头露出来的话，就没有必要显示给别人看了吧。

洁月还是那么敏锐啊。克隆15只 后，真正的 可

以通过 隐藏 积木在舞台上隐藏起来。

 在脚本的最下面追加 隐藏 积木就可以了。

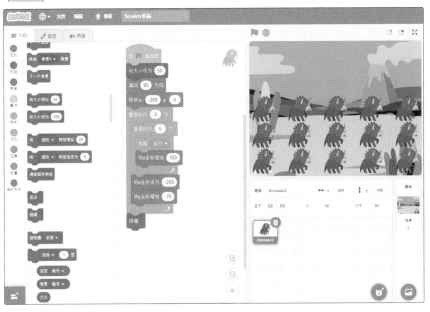

单击  按钮后，舞台左下角真正的 消失了。太好了。

拼接 隐藏 积木的位置好像是正确的。那么，你再单击 🚩 按钮试一次。

 哎？这次什么都没有显示……

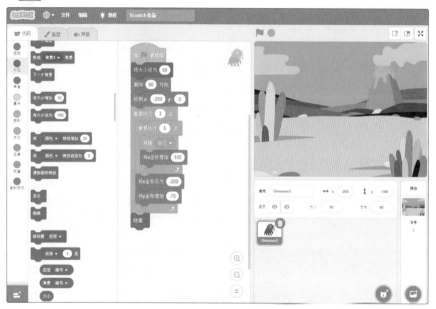

如果你执行了 隐藏 ，那么角色就会保持隐藏状态，除非执行 显示 积木。因为 Dinosaur2 的真身被隐藏了，所以克隆的恐龙也不会出现，舞台上就什么也没有了。

 使用 隐藏 的时候也需要使用 显示 吧。

洁月说得对。虽然不是所有的情况都需要用 积木，但是大部分情况下还是需要 积木的。

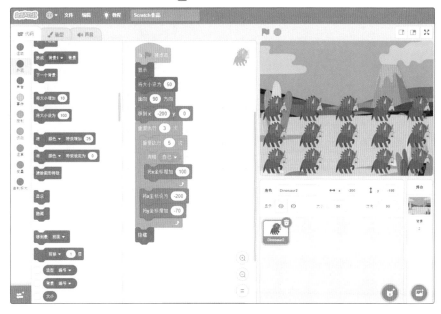

 在 当 🏳 被点击 下面拼接 显示 ，然后单击 🏳 的话…… 又

出现了！

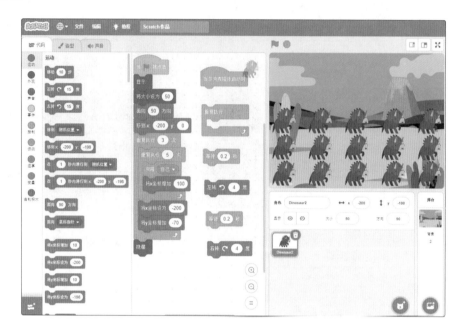

请使用上图中的6个积木制作下面的脚本。

反复执行"克隆的 Dinosaur2 向左旋转4度，然后等待0.2秒；再向右旋转4度，然后等待0.2秒"的动作。

如果使用 当作为克隆体启动时 积木，就会对克隆体执行这个积木后面拼接的脚本。

如果明白了 当作为克隆体启动时 积木表示的含义，这个问题就简单了。

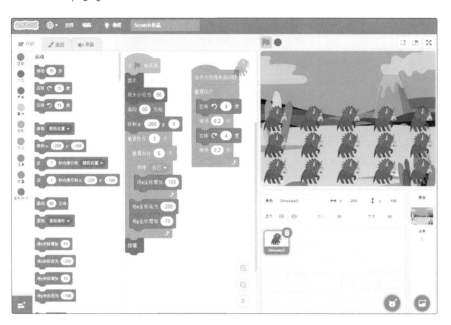

 所有的克隆 都可以动起来了。

 但是，如果全部都是一样的 的话，就无法制作成寻找不同的游戏了。

说得没错。同学们可以试着在15只 中选择1只换成区别于其他恐龙的造型。首先，你们需要新建 不同的恐龙编号 和 编号 两个变量。

 做好了！

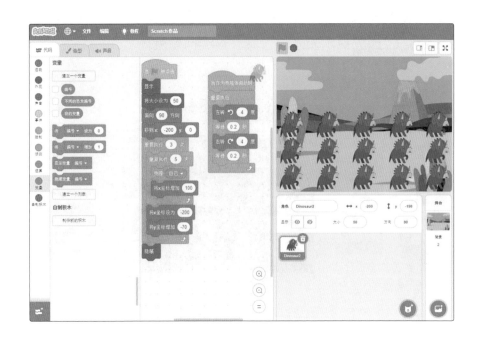

变量 不同的恐龙编号 可以用来将15只克隆 中的一只变成不同的造型。

 可以使用随机数积木决定，要把克隆 中的哪一只变成不同的造型。

没错。同学们可以试着将 在 1 和 15 之间取随机数 和 将 不同的恐龙编号 设为 0 拼接在一起，然后将组成的 将 不同的恐龙编号 设为 在 1 和 15 之间取随机数 积木组拼接到下图中的位置。使用这个积木，就可以使要变成不同造型的克隆恐龙的编号在1到15之间随机产生了。

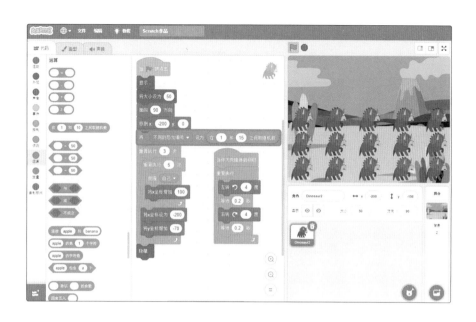

 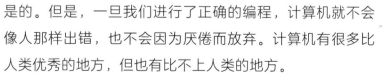这个变量的作用又是什么呢？

使用这个变量是为了告诉计算机 **"不同造型的恐龙是第几只克隆恐龙"**。

我明白了，如果不使用 编号 的话，计算机就不知道到底是哪一只克隆恐龙改变了造型。

计算机虽然可以以惊人的速度进行计算，但是如果不能对它发出像从1到10这样准确的指示也是不行的。

是的。但是，一旦我们进行了正确的编程，计算机就不会像人那样出错，也不会因为厌倦而放弃。计算机有很多比人类优秀的地方，但也有比不上人类的地方。

人类还有更优秀的地方……

为了传达"**第几只克隆恐龙是不同的造型**"，同学们还需要按照下图添加  积木块。

 积木 将 编号▼ 设为 1 是将 编号 的值重置为1。每次执行 克隆 自己▼ 的时候，会在 将 编号▼ 增加 1 中将 编号 的值递增1。因此，最初制作的 🦖 Dinosaur2 克隆恐龙是第1行左端的克隆恐龙，编号是1，第15只 🦖 Dinosaur2 克隆恐龙是第3行右端的克隆恐龙，编号是15。

没错。克隆 是按照下面的编号顺序制作的。

在上图中,从舞台区显示的信息 中,可知

 的值就是 。

 在这种情况下,应该需要改变的造型吧!

说得没错。

问题3

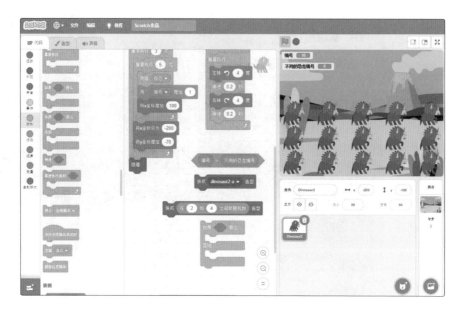

请使用上图中的4个积木制作下面的脚本。

只有在 编号 = 不同的恐龙编号 的时候，才会把恐龙换成 dinosaur2-a 以外的造型。

 换成 在 2 和 4 之间取随机数 造型 表示什么意思呢？

 角色的造型不仅有名字还有编号，也可以使用编号指定角色的造型。

 哦，原来是这样。执行 换成 dinosaur2-a 造型 角色会变成 造型，执行 换成 在 2 和 4 之间取随机数 造型 的话，角色会变成

 中的其中一个造型，对吗？

是这样的。

当满足 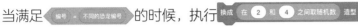 的时候，执行

就可以了，拼接好之后是 这样的吧。

这个积木块要拼接到 当作为克隆体启动时 下面吗？

你们可以这样拼接试试。单击 🚩 按钮运行脚本来确认一下。

哎？对应编号的恐龙造型并没有发生变化。

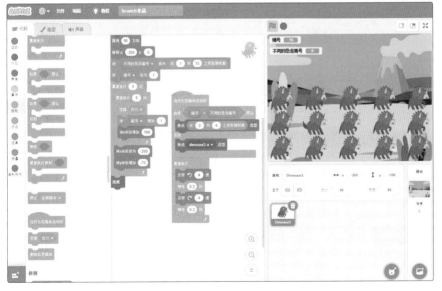

在  的下面拼接  的想法并没

有错。但是，在Scratch中，如果你要在克隆体中新建变
量，需要像下图一样选择"仅适用于当前角色"的选项。

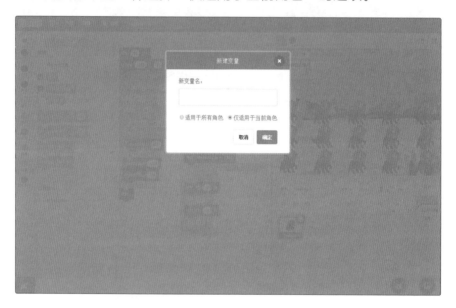

 哦，原来变量也有两种类型。

编号 和 不同的恐龙编号 选择的是"适用于所有角色"进行创建
的，所以这次需要添加到 当作为克隆体启动时 下面以外的地方。

 编号 和 不同的恐龙编号 不能从"适用于所有角色"变为"仅适
用于当前角色"吗？

很遗憾地告诉你，不可以更改了。

也就是说，拼接在 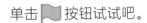 脚本以外的地方的话，在被

克隆之前要先改变造型，将脚本放在 克隆 自己▼ 积木的上面。

单击 按钮试试吧。

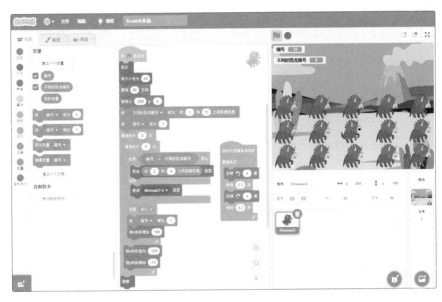

从舞台上的 **不同的恐龙编号** 8 中可以知道， 不同的恐龙编号 是

8 ，然后第8个克隆 的造型确实变成了 。

这就是正确的脚本。

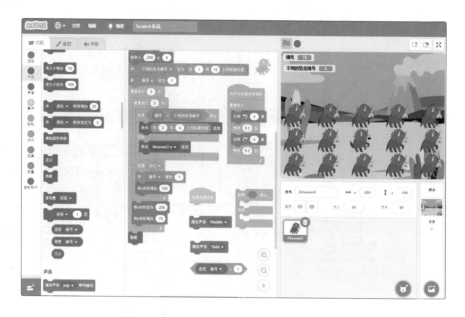

请使用上图中的5个积木制作下面的脚本。

如果单击 dinosaur2-a 造型的克隆 ，就会发出"Wobble"的声音，
如果单击 dinosaur2-a 以外的造型的恐龙，就会发出"Tada"的声音。

因为 中有 dinosaur2-a 的名字和编号1，所以执行

造型 编号 ▾ = 1 积木块就相当于实现判断" 的造型是

 吗？"的功能。

我也是这么想的。

那正确的脚本是下面这样的吧。

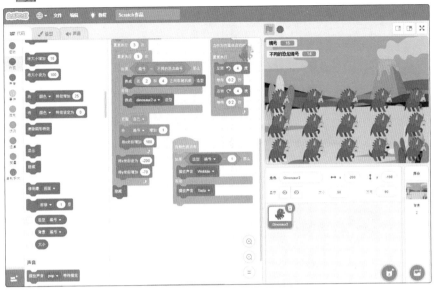

单击  按钮试试吧！

 咦？我怎么找不到造型不同的 ……

 我找到了！在第3行倒数第2只  的造型变成了 。

 单击了 ，响起了"Tada"的声音。如果单击了其他的

，就会发出"Wobble"的声音。

恭喜大家，你们已经完成了这个寻找不同的游戏。

大家快来一起玩游戏吧！

 怎么也找不到啊……啊，找到了，在这里！

 这很简单啊！

第8课

制作『射击游戏』吧！

在这里可以学习角色的绘制方法。

玩游戏
还是制作游戏？

玩游戏

 阿甘，你真的没有玩过游戏吗？

 嗯，家里没有游戏机。

 诶～游戏多么有趣啊。

 都没有好好享受过游戏带来的乐趣，好可怜。

 我觉得还好。可以在家看书，和家人聊天，即使没有游戏可玩，我也很开心。而且，比起玩游戏，其实我更喜欢制作游戏。

专注于自己喜欢的事物是一件很棒的事情。

我既喜欢玩游戏，也喜欢制作游戏，这两者我都很热衷。

我也是。不过，和制作游戏相比，我喜欢玩游戏多一点。

那么，今天大家想制作什么样的游戏呢？

制作游戏

什么样的游戏比较好呢？其实，我不太知道都有哪些游戏。

射击游戏怎么样？

就是用子弹之类的东西打败敌人的游戏吗？

是啊。

感觉很有趣。今天我们来制作射击游戏吧。

一起制作"射击游戏"吧！

扫码看视频

> 为了制作外星人，大家决定使用在寻找不同的游戏中使用过的克隆技术，并向阿甘说明了有关克隆的事情。

首先单击 缩略图右上角的删除标志删除这个小猫角色。然后，将鼠标放在界面右下角的 图标上，再单击

 绘制图标自己绘制一个新的角色。

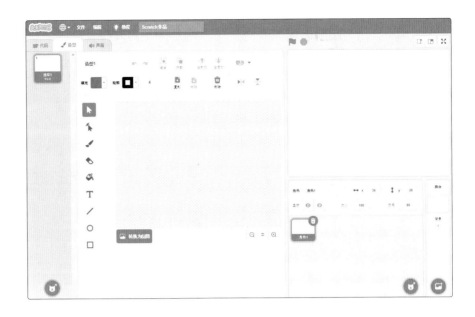

首先我们需要绘制一个外星人。单击 按钮，选择自己喜欢的颜色。单击 轮廓 菜单中的 ✏ 可以设置边框，单击 轮廓 ✏ 可以设置为无边框。

我觉得外星人应该是色彩鲜艳的形象，所以选择绿色吧。

第8课

制作『射击游戏』吧！

如果选定了颜色，可以用矩形工具 组合几个四边形来画一个外星人。

 啊，只用四边形就能画吗？

对呀。画好之后也可以修改哦！我们可以用画笔工具 、线段工具 、圆工具 来修改外星人。

 这么多绘制工具，我们试试看吧。首先用矩形工具 制作身体和脚……外星人的脚要有3只左右。

还记得复制脚的方法吗？首先需要单击选择工具 。

 单击选择工具 ，画布上方会显示 。

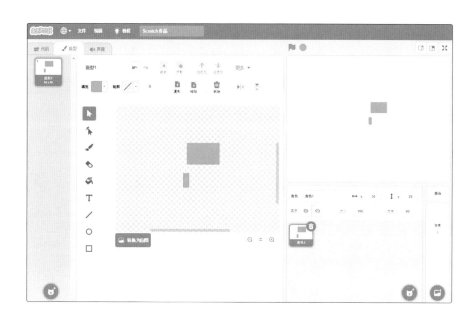

这样的话，可以选择先绘制一只外星人的脚，然后单击
复制按钮把画好的脚复制下来。然后，单击 按钮，复制
的外星人的脚就会显示在画布上。

 想制作很多相同的东西时，使用复制工具 和粘贴工具
就会很方便哦！

 3条腿很容易就做好了。

 然后用拖放操作移动脚。

上井也记住了拖放这个词呢。

 上井说这个词的样子好帅哦！

嘿嘿（害羞地笑）。

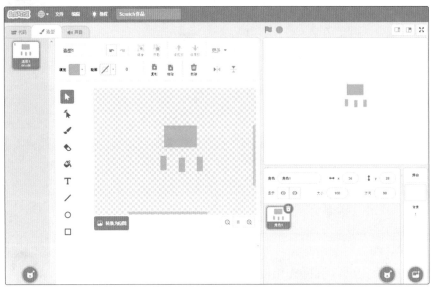

 把脚的位置摆放好之后，可以继续制作外星人的眼睛。

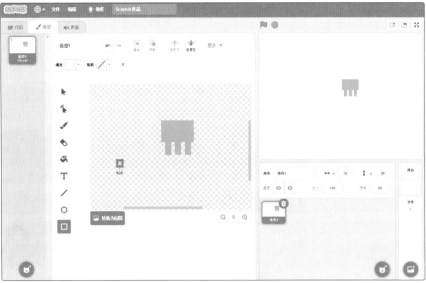

把颜色调成白色之后，单击矩形工具  画一个小的四边形，然后单击选择工具 选中白色的眼睛，使用复制 和粘贴 ，复制另一只眼睛，拖放移动就好了。

 啊，阿甘也说拖放这个词了。我也想说一次。

哈哈哈。接下来我们来添加背景吧。将鼠标放在页面右下角的 图标上，然后单击 搜索图标进入Scratch背景库。在"太空"分类中选择 背景。

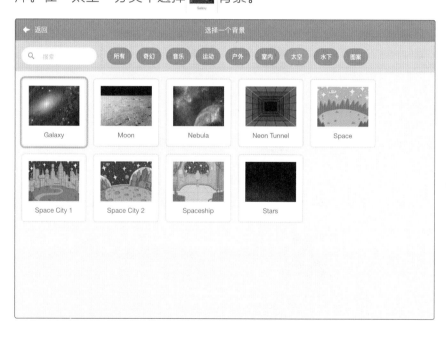

 外星人的造型和背景都已经完成了。

外星人看起来也很可爱呢。

在角色信息区将角色的名字改为"外星人"。

更改名称后，角色缩略图中的名字也会由 改为

。同学们，开始制作外星人 的脚本吧。

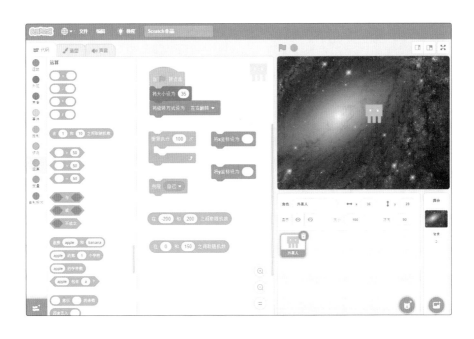

单击 ▶ 按钮后，将 的大小改为35%（也可以调整为35%以外的自己喜欢的大小）。请使用上图中的6个积木制作下面的脚本。

克隆100个 。这100个克隆外星人分别分布在舞台上的X坐标-200到200、Y坐标0到150的某个地方。

 啊？做100个？

 我觉得很有意思。

"克隆100个"，将 和 克隆 自己▾ 拼接起来组成

 就能实现了。

 "在舞台上X坐标-200到200的某个地方"通过 将x坐标设为 ⚪ 和 在 -200 和 200 之间取随机数 组合来实现。"在舞台上Y坐标0到150的某个地方"可以通过 将y坐标设为 ⚪ 和 在 0 和 150 之间取随机数 的组合实现。

 哎？X坐标是横向的还是纵向的？

 X坐标是横向的，Y坐标是纵向的。也就是说，执行 将x坐标设为 在 -200 和 200 之间取随机数 积木，外星人 在横向上会移动到舞台左端到右端范围内的某个地方；执行 将y坐标设为 在 0 和 150 之间取随机数 积木，外星人 在纵向上会移动到舞台中心到上端范围内的某个地方。

 如果把 将x坐标设为 在 -200 和 200 之间取随机数 和 将y坐标设为 在 0 和 150 之间取随机数 拼接在 克隆 自己▾ 的前面，外星人 移动后就会被克隆，所以在舞台上半部分的某个地方会克隆出100个 外星人 。

上井好像已经理解了这个过程。完成脚本后单击 按钮试
试吧。

 和上井预想的一样，舞台的上半部分出现了很多外星人。

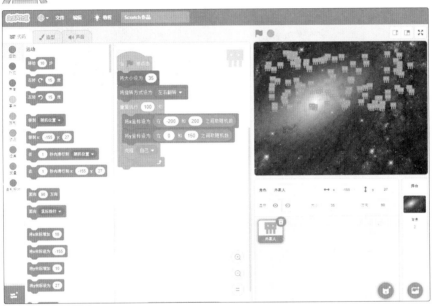

编写的脚本正确。大家都很棒。

 但是克隆 都不动啊。

如果我们在 的下面添加脚本的话，就可以移动
 了吧。

没错。那我们来试试看吧。

问题2

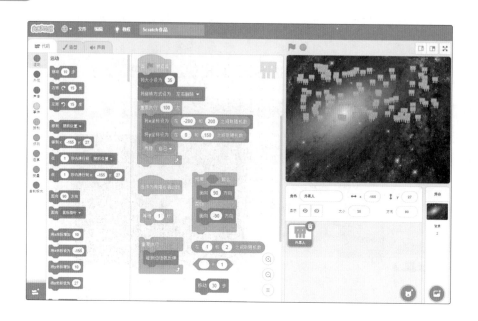

请在 当作为克隆体启动时 的下面使用上图中的6个积木制作下面的脚本。

克隆外星人 在面向右或左某一方后，反复执行"移动30步，等待1秒，到达一端后反弹"的动作。

 虽然看起来有点难，但还是一步一步地思考吧。

是啊。因为 面向 90 方向 是向右， 面向 -90 方向 是向左，所以"克

隆外星人 面向右或面向左"可以使用 来实

现。不过，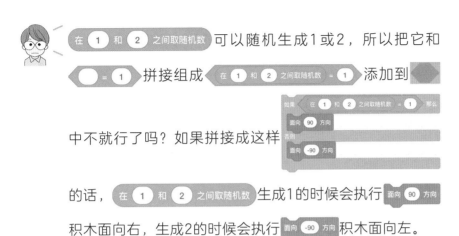 里面放什么好呢？

可以随机生成1或2，所以把它和 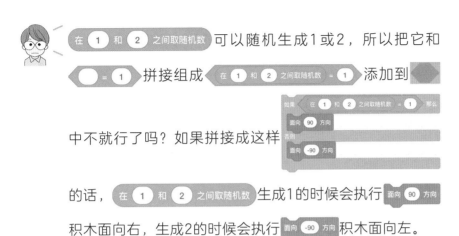 拼接组成 添加到

中不就行了吗？如果拼接成这样

的话，生成1的时候会执行 积木面向右，生成2的时候会执行 积木面向左。

不愧是阿甘！果然是擅长算数的人。

那么"移动30步，等待1秒，到达一端后反弹"如何实现？

把 移动 30 步 和 等待 1 秒 放在 碰到边缘就反弹 里面，拼接成

试试，怎么样？

我觉得可以。确定克隆外星人 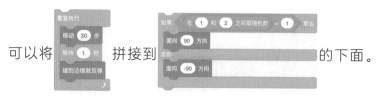 面向左或面向右后，让

它复重"移动30步，停1秒，到达边缘后反弹"的动作，

可以将 拼接到 的下面。

单击 按钮试一下运行效果。

太好了。克隆外星人 向左或向右移动了！

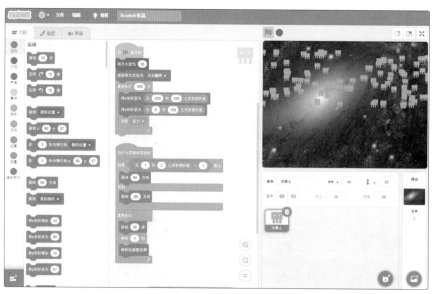

做得很好。这次我们利用数学知识制作的脚本，所以说，
在学校学习的数学在编程中也很有用。

没想到学习数学对编程也有帮助啊。看来数学也要认真地学习了。

不仅仅是数学，语文和英语等科目将来也会有用的。你能意识到要好好学习数学，老师很高兴。

外星人可以左右移动了。下面可以编写发动攻击的脚本了。

让外星人向下移动怎么样？

就像外星人要侵略地球一样。

是个不错的主意。要不要稍微提示一下你们？可以考虑把

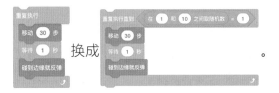

 和决定外星人方向时使用的 很相似，但是 在 1 和 10 之间取随机数 的随机数范围是1到10，所以这个条件很难成立吧。

是的。 在 1 和 10 之间取随机数 = 1 的条件比 在 1 和 2 之间取随机数 = 1 的条件更难成立。

但是，总有一个时间 在 1 和 10 之间取随机数 = 1 的条件会成立，

这时，积木块  的重复操作也会结束。

 那么要不要在横向的重复操作结束后，添加向下移动的脚本？

同学们说得都很对。

问题3

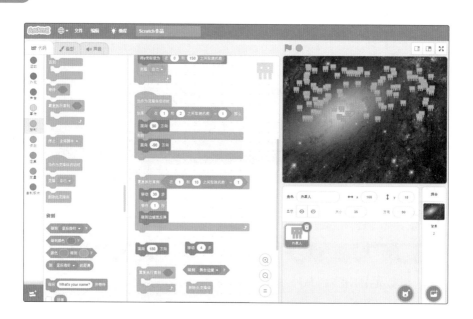

请使用上图的5个积木在克隆外星人 面向右侧或者面向左侧的脚本下面制作以下脚本。

在 成立之前，反复执行"移动30步，停1秒，到达一端后反弹"动作，然后，向下移动，碰到舞台边缘后删除克隆外星人。

"在  成立之前，反复执行'移动 30步，停1秒，到达一端后反弹'的动作"是通过

来实现的吧。

 在这个块之前，由于克隆外星人 面向 或者 面向 方向，所以执行 移动 30 步 的时候 是横向移动，但是 如果使用 面向 180 方向 让克隆外星人面向下后再执行 移动 4 步， 那么 就会向下移动。

 然后把 移动 4 步 放到  里面。最后再加上 删除此克隆体 就完成了。

那我们单击 按钮试试吧。

啊！外星人来侵略了！

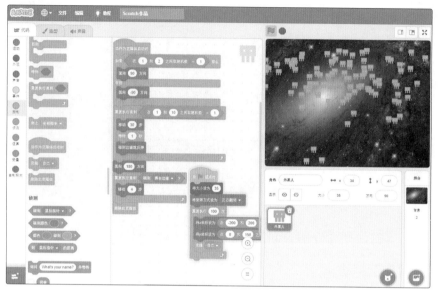

 说明你们编写的脚本是正确的。

 三个人合作的话，什么问题都能解决。

同学们单击 ![旗帜] 按钮来看看克隆外星人 ![外星人] 到底会怎么样吧。

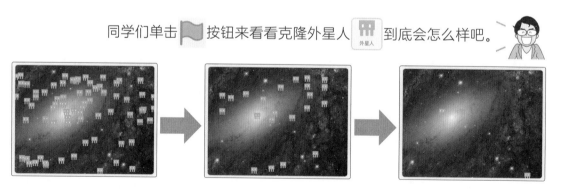

哎，怎么有一个  不动呢？

真正的 在执行 下面的脚本时是不会动的吧？

是这样的。

就像制作寻找不同的游戏时一样，用 隐藏 积木将真正的

 隐藏起来。如果使用 隐藏 就需要 显示 ，所以应该在

当 ▶ 被点击 下面添加 隐藏 来隐藏真正的 ，在 当作为克隆体启动时

下面添加 显示 来显示克隆的外星人。

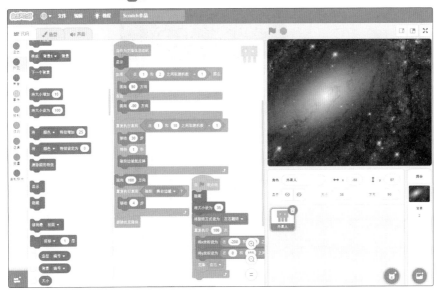

之前在舞台上纹丝不动真正的消失了。接下来我们开

始制作玩家。将鼠标放在画面右下角的 图标上，然后

单击 绘制图标像制作外星人一样制作玩家。

射击游戏的玩家比较简单，将两个四边形像下面这样组合

起来怎么样？单击 ，选择颜色，用矩形工具 制作两

个四边形，用选择工具 移动四边形……

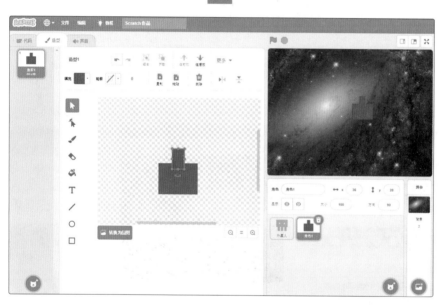

角色的名字也由 角色1 改为 玩家 吧。

老师有一个要求，请同学们制作 玩家 被外星人袭击时的造

型。添加时，可以使用界面左上角的 图标。

我知道怎么做了。也可以这样添加造型，用鼠标右击玩家的第一个造型，然后选择"复制"就可以出现第二个造型了，不过要把第二个造型里面的内容删掉再绘制新的造型。使用矩形工具 绘制一个细长的长方形，使用选择工具 选择画好的长方形，单击 复制按钮，再单击 粘贴，可以复制多个长方形，然后拖动 的 可以改变方向，再稍微改变位置……一个爆炸的造型绘制好了。

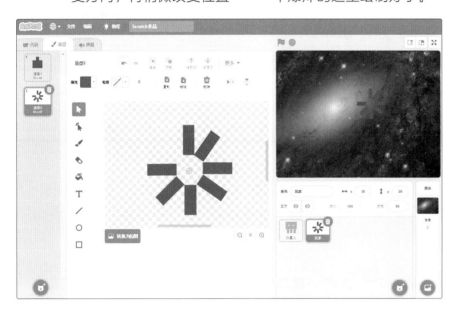

 不愧是游戏玩家大翔，绘制的爆炸造型感觉还不错呢。

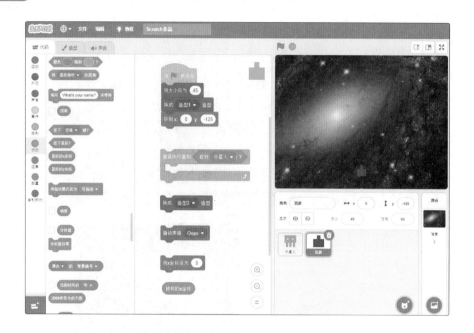

单击 ⚑ 按钮后，将 的造型设为 ，移动到X坐标=0，Y坐标=-125 的位置。请使用上图中的5个积木制作下面的脚本。

的X坐标在碰到 之前一直与计算机上鼠标的X坐标相同。可以用鼠标拖拽的方式让 横向移动，接触到 后发出"Oops"的声音,然后变成 的造型。

 如果制作了这个脚本，玩家就可以躲避"外星人的侵略"了。

那这个游戏的故事背景就设定为"外星人的侵略"吧。

其实大部分游戏都有故事背景，而且故事情节往往会影响游戏的人气。

看来故事背景也很重要。

比如我们在电视上看体育比赛和格斗比赛时，通常会报道选手克服了伤痛，在父母的陪伴下严格地坚持训练等这样的故事。这种报道会让观众对比赛和选手产生兴趣。

有故事背景的话，人们就会对故事中的对象产生兴趣，从而增加对游戏的关注度。

关于故事的话题我们先说到这里，现在还是回到编程的问题上吧！

好的。

"在触碰到  之前"是通过 来实现的吧。

实现" 的X坐标与计算机上鼠标的X坐标相同 "的效果，只要将 和 拼接起来组成 就可以了。

然后再将  和 拼接起来就行了。

 在计算机上，可以用鼠标横向操作 。

说得不错。 鼠标的x坐标 在计算机中表示鼠标的X坐标值。

  碰到外星人后要执行的脚本是把 播放声音 Oops ▼ 和 换成 造型2 ▼ 造型 拼接起来。

单击界面左上角的 ◀)) 声音 选项卡，然后再单击左下角的

 图标就可以添加Oops声音数据了。

完成脚本后，单击 🚩 按钮运行一下吧。

  会跟着屏幕上鼠标指针的动作移动。

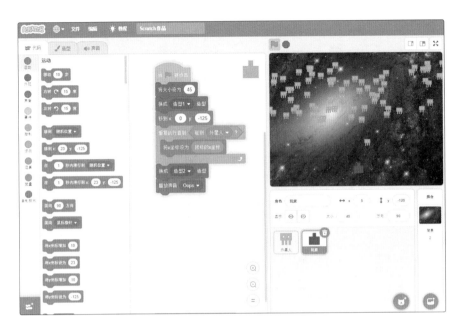

碰到 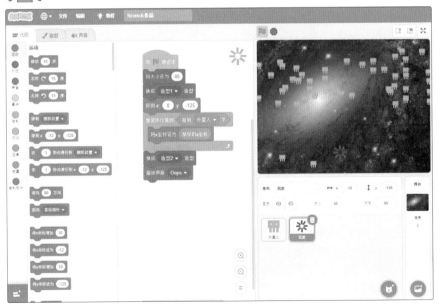 后， 的造型就变成了 。

 做得不错!

 我们继续制作 发射的子弹吧。

不仅要躲避外星人的攻击,还要用子弹打倒 ! 真是越

来越有意思了。

那么,把鼠标放在屏幕右下角的 图标上,单击

画笔图标打开图形编辑器绘制子弹吧。

子弹应该也很容易制作吧。

 我也觉得应该不难。 画起来就很简单。

 我也能做到吗? 单击  将颜色设成白色,用矩形工具

 制作小的四边形,再用选择工具 将它移动到画布的

中心⋯⋯我画得怎么样?

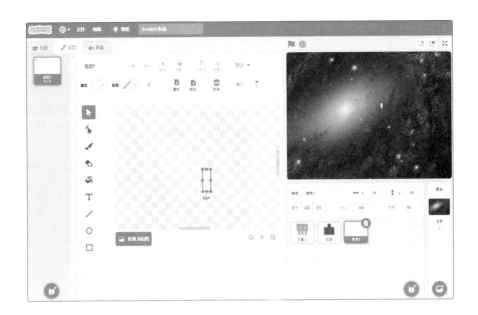

 角色的名字也由 角色1 改为 子弹 吧。

角色名字不改的话也没有关系，但是如果你给它取一个合适的名字，编写脚本时会更容易一些。

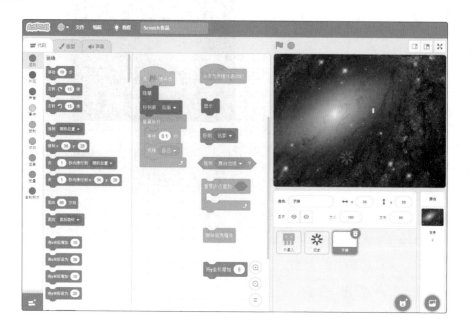

单击 🚩 按钮后，隐藏自身，将图层放在最后面，然后以0.1秒的间隔重复克隆自己。请使用上图中的7个积木制作下面的脚本。

克隆的 子弹 出现在舞台上，瞬间移动到 玩家 这里，然后持续向上移动，触碰到舞台边缘后消失。

单击 🚩 按钮执行 后，真正的 子弹 会隐藏起来，

然后每0.1秒就会克隆一次自己。那么，在 当作为克隆体启动时 的

下面添加可以让克隆 向上移动的脚本不就好了吗？如果

按照这个想法制作脚本的话，克隆 应该会被连续发射。

分析得没错。当真正的子弹不动的时候，如果不移动克隆
子弹的话，它们就会在同一个位置重叠起来，在舞台上看
起来并没有什么变化。

因为真正的 通过 隐藏 积木隐藏起来了，所以在

当作为克隆体启动时 的下面拼接 显示 积木可以显示克隆的 。

执行 移到 玩家▼ 的话， 会不会瞬间移动到  这里呢？

没错。也就是说，这两个造型的中心位置坐标相同。因此，
自己在绘制或修改角色造型的时候，必须将角色造型放在
图形编辑器的画布中心位置。

在 移到 随机位置▼ 积木中单击 随机位置▼ 的部分，在 中

选择 玩家 ，就制作出 移到 玩家▼ 积木了。

在真正  吗?

你明白了吧,阿甘。真正的 移动到最后面的图层时,克隆的 子弹 也会在 玩家 后面的图层中。

原来是这样啊!因为 子弹 在 玩家 的后面,所以即使执行 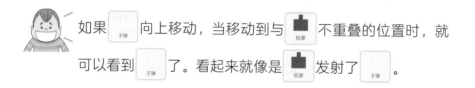 移到 玩家,也不会是 🔲,而是 ■。

如果 子弹 向上移动,当移动到与 玩家 不重叠的位置时,就可以看到 子弹 了。看起来就像是 玩家 发射了 子弹。

Y坐标是上下方向,X坐标是左右方向,因此,为了让 子弹 向上移动,可以将 将y坐标增加 8 和 重复执行直到 碰到 舞台边缘 ? 拼接起来。

最后再拼接上  就完成了。

既然完成了,那我们单击 🚩 按钮运行一下吧!

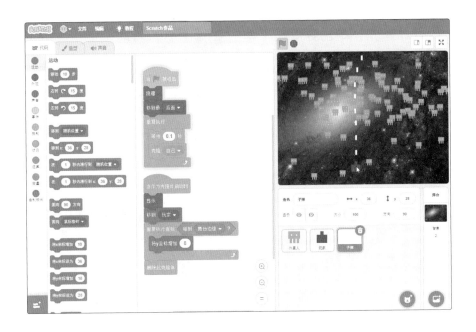

太好了！子弹连续发射出去了！

恭喜你们制作出了正确的脚本。

虽然能发射子弹了，但是即使 射中了 ，也没有任何的效果啊。

对啊。还得继续给 添加脚本。

选择 角色，单击界面左上角的 <u>✏ 造型</u> 选项卡打开图形编辑器，制作像 角色中的 一样的造型。

首先，单击界面左下角的图标，添加一个新造型。然后，使用矩形工具 ▣ 、选择工具 ▶ 、复制工具 🖪 、粘贴工具 🖪 可以制作出新造型的各个组件。拖动组件的 ⤵ 可以改变方向……完成了！

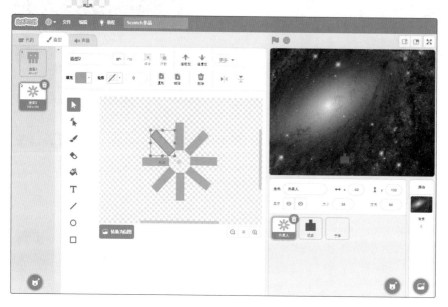

不错嘛！通过自己的思考把想法实现出来了。接下来继续编写 ⧉ 外星人 的脚本吧。

问题6

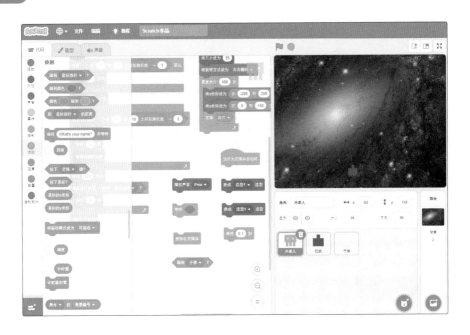

请使用上图中的8个积木制作下面的脚本。

如果克隆 外星人 接触到 子弹 ，就把造型从 造型1 变成 造型2 ，然后发出 "Pew" 的声音，0.1秒后消失。

在 外星人 的脚本中，在 当作为克隆体启动时 的下面添加了向左或向
右移动后向下移动然后消失的脚本，除此之外，现在再添
加一个 当作为克隆体启动时 。

是这样的。如果使用多个 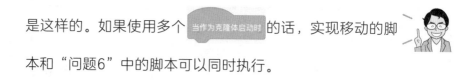 的话，实现移动的脚本和"问题6"中的脚本可以同时执行。

判断克隆  是否接触到 ，是不是要把 和 拼接起来组成 来实现呢？

是啊。如果外星人碰到 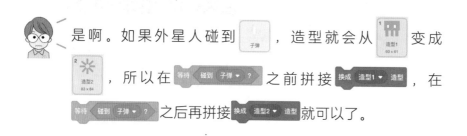，造型就会从 变成 ，所以在 之前拼接 ，在 之后再拼接 就可以了。

然后，依次拼接 、 和 积木。

单击界面左上角的  选项卡，然后单击左下角的

可以添加"Pew"声音。

同学们完成脚本后，单击 按钮试试吧。

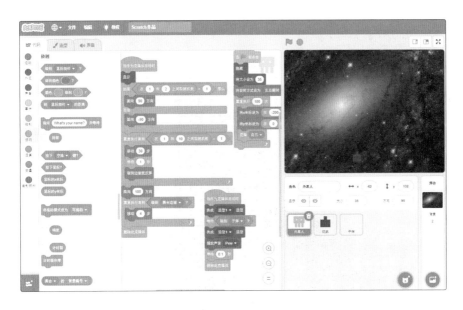

 成功了! 碰到 后, 就会变成 然后消失。

 这样就可以防止外星人的入侵了。

 大家一起来玩游戏吧!

 太好了! 打败了一个外星人!

 好厉害！这次连续打到了外星人！

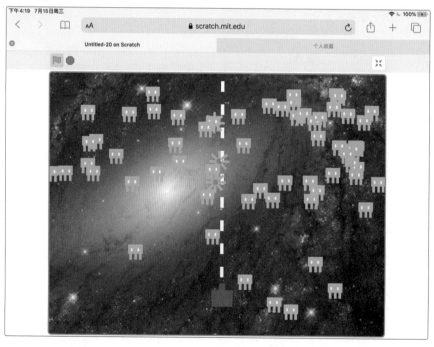

第 **9** 课

在这里可以学习画笔的使用方法。

制作『UFO捕手游戏』吧！

抓娃娃的窍门
是什么？

 你们好！

 好久不见。

 汪！汪！汪！

 哇！好可爱啊！

 （摇尾巴）

 这家伙的名字是旺财。

旺财这家伙对我从来都没有这么乖巧。

 汪！汪！（对着上井叫）

 对不起，对不起，我说错话了。

 你好，洁月。你包上的布娃娃很特别哦。

 这是用UFO捕手抓的熊玩偶。

 UFO捕手？你不觉得很难吗？

 我几乎都没有抓到过。

 只要掌握诀窍，就很简单了。

 那我们今天就用Scratch制作一个UFO捕手游戏吧。

 好啊。

第9课 制作「UFO捕手游戏」吧！

一起制作"UFO捕手游戏"吧！

扫码看视频

▶ 一起制作比游戏机房的UFO捕手更容易捕捉的游戏。如果可以的话，和旺财一起玩。

首先单击 缩略图右上角的删除标志删除这个小猫角色。然后把鼠标放在界面右下角的 图标上，再单击绘制图标。

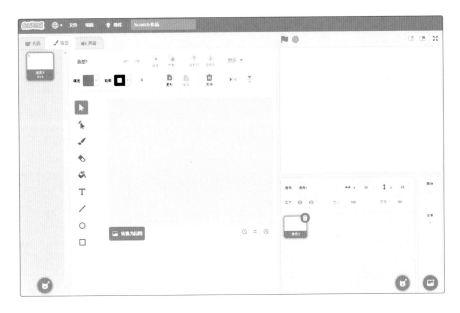

我们来制作一个UFO捕手的手臂吧！

 和制作太空侵略者的时候一样，用矩形工具 组合不同的
四边形就可以了。

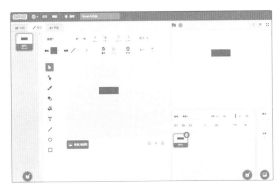

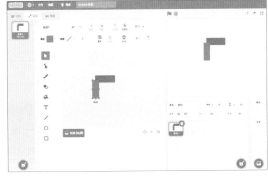

 还需要用变形工具 来改变四边形的形状。

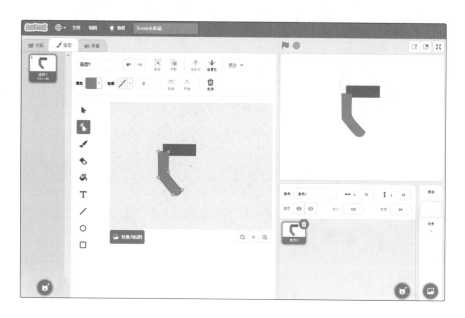

感觉效果还不错。

使用复制工具 复制 ，用粘贴工具 粘贴后，再用

水平翻转工具 ▶◀ 改变其中一个 的方向，然后用选择

工具 ▶ 移动……

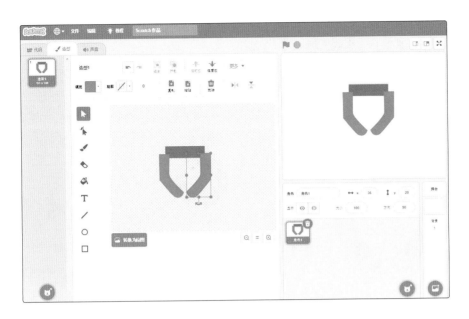

因为 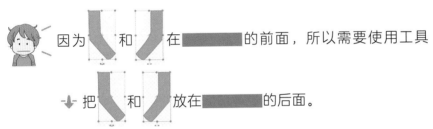 在 ▬▬▬ 的前面，所以需要使用工具

↓ 把 和 放在 ▬▬▬ 的后面。

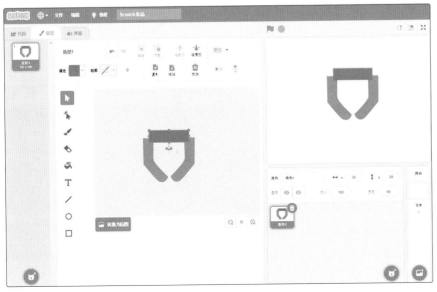

把红色的 ▮▮▮▮ 重叠在 ▮▮▮▮▮▮ 上面怎么样?

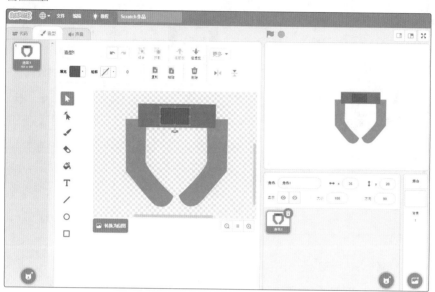

 变酷了!

 的确。

同学们试着按下鼠标不松手从 的左上角拖动到

 的右下角,会看到虚线边框。这时松开鼠标的话,

虚线框内的所有东西都会被选中。

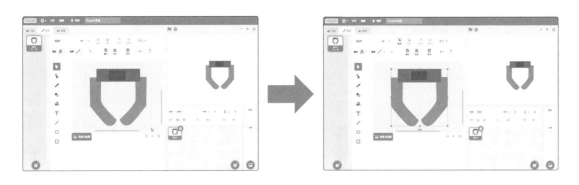

在整体选中  的基础上，拖动整个 ，使

所在的部分移动到画布的中心位置。

 我们应该也需要制作手臂张开的造型吧。

鼠标右击 造型 ，在 中选择"复制"可以复

制角色的造型。

在造型1中拖动 的 部分改变方向，这样就会变成手

臂张开的造型。

255

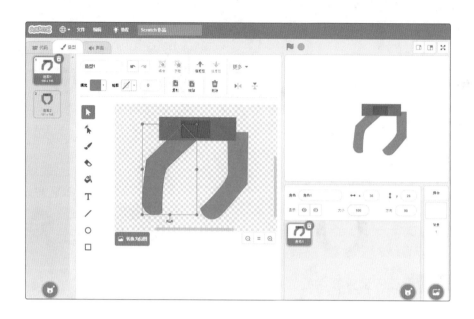

 角色的名字也由 角色1 改成了 手臂 。

请同学们改变造型2，要求两只手臂的前端部分是不同的颜色。

 我知道该怎么做了。在造型2中拖动 的 部分，让手

臂稍微倾斜，就像 这样。然后用矩形工具 和变形工

具 绘制一个颜色稍微深一些的四边形 ，将它重

叠在手臂的前端就可以了。

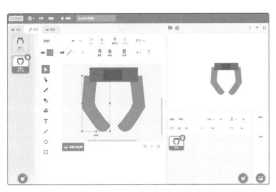 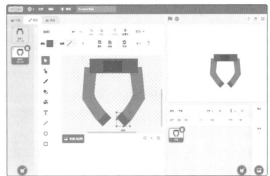

接下来添加一个背景。将鼠标放在右下角的 图标上，

再单击 进入Scratch背景库选择喜欢的背景吧。

 我想用UFO捕手捉鱼，就选"水下"分类中的  吧。

 好啊。

 汪汪!

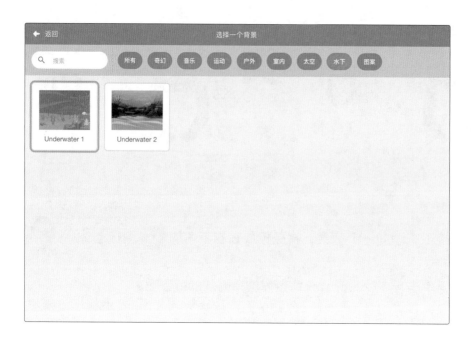

 但是背景右上方的珊瑚礁很碍事啊。

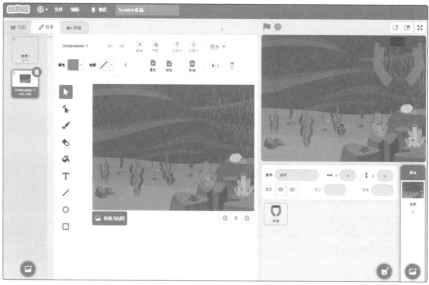

单击水平翻转工具 可以将背景左右翻转过来。

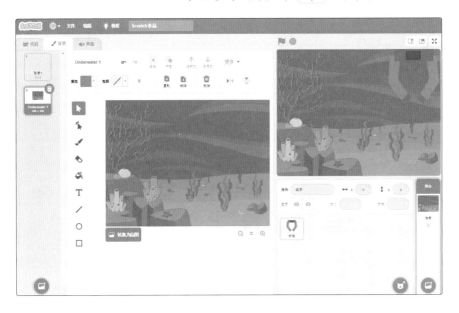

珊瑚礁移动到左侧了！原来背景也可以使用水平翻转工具 ▶◀ 。

同学们，接下来我们可以开始编写脚本了。单击 缩略图，

然后单击 选项卡切换到脚本制作界面。

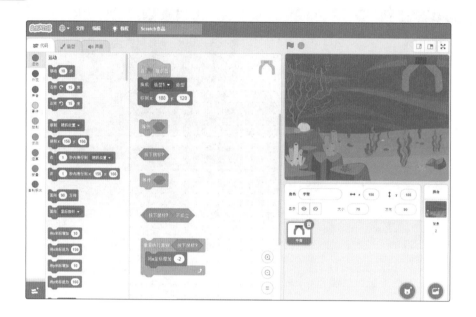

单击 ▶ 按钮， 的造型变成 ，X坐标=180，Y坐标=120。请使用上图中的5个积木制作下面的脚本。

单击舞台区，向左移动，再次单击会停止。

对于个人计算机来说，按下鼠标? 可以判断是否使用鼠标左键单击。

如果将 和 拼接成 ，然后在它的下面追加别的积木，单击舞台区就能执行该块了。

是啊。如果在 的下面添加 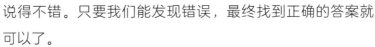，单击舞台区后，" 向左移动，再次单击画面后会停止"，这样就可以了。

这样的话， 和 就剩下了，这两个积木要拼接在哪里呢？我觉得可以像这样 将它们组合起来。

没关系，先这样拼接，单击 按钮试试。编程和考试不一样，允许出错。

说得不错。只要我们能发现错误，最终找到正确的答案就可以了。

被建议做错事，编程还真是有趣呢。赶紧试一下，单击 按钮，然后再单击舞台区。

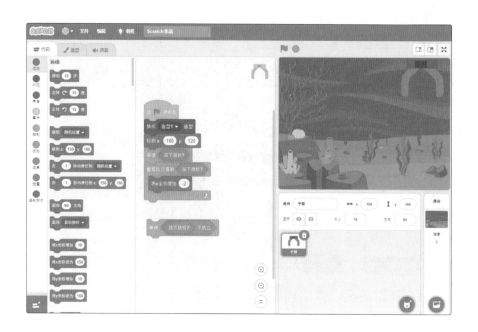

单击了舞台区，也不动，看来还是需要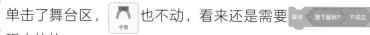积木块的。

但是，为什么不动呢？

也许是因为在第一次单击舞台区时（执行积木），

和的条件，也就是是连续

成立的吧。

看来洁月已经明白了。计算机的处理速度非常快，与其说

是连续，不如说是同时成立。

原来是这样啊！执行  时，单击舞台区

（ 成立）， 就不执行了，所以在第二次单

击时 就不动了。

第一次单击时， 中的 条件成立，在第二

次单击时， 中的  条件才成立，这样才

能达成目标。

所以， 是必须要用到的。

将 和 拼接在一起组成 ，对于同

学们来说可能有点难以理解。与 相反，它表示鼠标

没有被按下。

也就是说，等待 按下鼠标？ 不成立 相当于等待松开鼠标按键的操作。

在 等待 按下鼠标？ 后面拼接 等待 按下鼠标？ 不成立 变成 等待 按下鼠标？ 等待 按下鼠标？ 不成立 就可

以了吗？

说得很对。 等待 按下鼠标？ 等待 按下鼠标？ 不成立 的意思是等待单击按下鼠标的操

作，然后再等待松开鼠标的操作。因此，等待 按下鼠标？ 和

重复执行直到 按下鼠标？ 将x坐标增加 -2 的条件 按下鼠标？ 就不会同时成立。

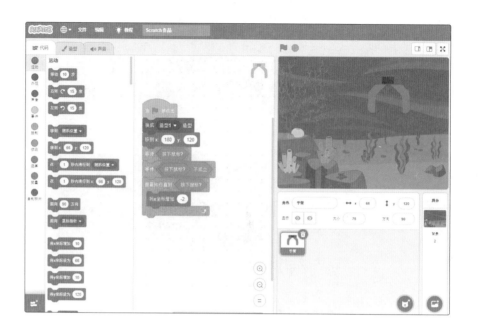

 我们单击 🚩 按钮试试吧。

 太好了！在第一次单击时  向左移动，第二次单击时就
停止移动了。

说明脚本是正确的。

 这是UFO捕手游戏，所以接下来手臂要往下移动，抓到奖品。

 汪！汪！

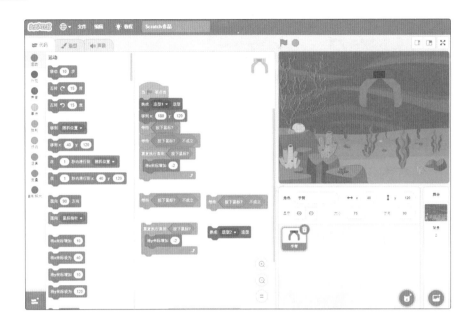

在"单击 🏳 按钮， 的造型变成 造型1 ，移动到X坐标=180，Y坐标=120的位置。第一次单击向左移动，第二次单击停止向左移动"的脚本下面，使用上图中的4个积木制作下面的脚本。

在第二次单击舞台后向下移动，第三次单击后，造型变成 造型2 。

  中的 将y坐标增加 -2 积木可以让Y坐标逐次改变-2，实现向下移动。

如果 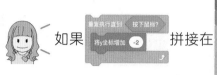 拼接在  的下面，会同时执行

向左移动的  和向下移动的  。

和问题1一样需要 吗？

 洁月、上井你们说得没错。

实现向下移动的  下面也需要拼接 吧。

 同学们完成脚本后，单击 🏁 按钮运行一下吧。

 太好了！第一次单击舞台时， 向左移动，第二次单击

时，向下移动，第三次单击时，造型从  变成了  。

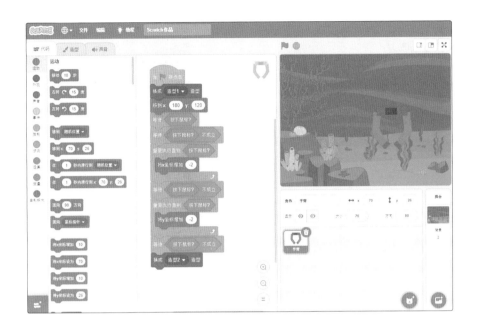

脚本编写得不错。现在，就像是悬空状态，所以这次

我们使用画笔制作连接的部分吧。首先，将鼠标放置

在界面右下角的图标上，再单击画笔绘制图形。

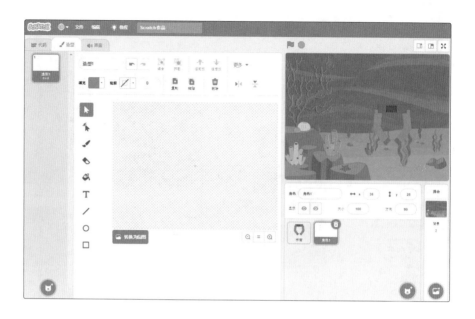

这次我们使用画笔绘制 与舞台上方的连接部分，也就

是绘制一根杆，所以请同学们不要在画布上画任何东西，

直接单击 代码 选项卡，使用脚本完成绘制。

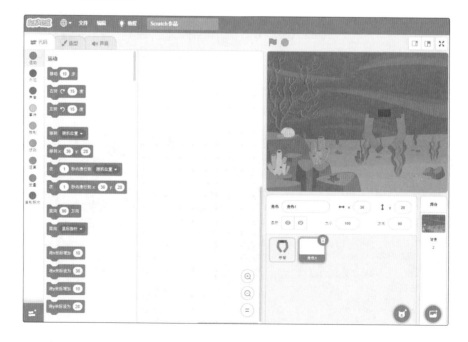

从Scratch 3.0开始，画笔被分到了"扩展功能"里面。切换到 后，单击屏幕左下角的 图标，如果看到下面的画面，请单击"画笔"选项 。

在积木分类区可以看到有关画笔的各种积木。

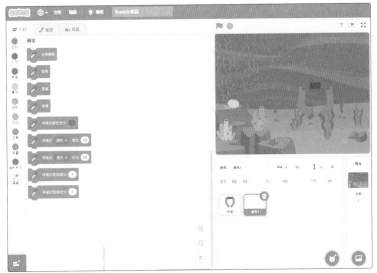

这里简单地介绍一下画笔中的积木。在画笔分类中，执行  在舞台上移动角色，可以沿着指定的轨迹在舞台上画线，绘制持续到 被执行为止。执行 的话，使用画笔绘制的东西会从舞台上消失。可以使用 将笔的颜色设为 和 将笔的粗细设为 1 改变画笔的颜色和线条的粗细。

在刚才添加的 角色1 的脚本区域，设置X坐标=0，Y坐标=0，执行 将笔的颜色设为 、 将笔的粗细设为 10 和 落笔 ，拼接

重复执行 12 次
右转 C 30 度
移动 40 步

积木块，然后单击 ⚑ 按钮。

舞台上出现了十二边形。

270

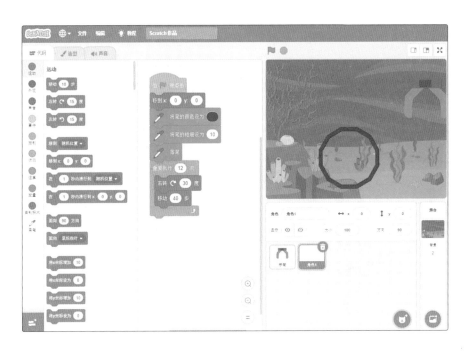

 虽然 （角色1）的画布上什么也没有，但是只要使用画笔积木就

能绘制图形。

 所以这个角色的造型上什么都没有。

现在，使用 全部擦除 积木将上面绘制的图形删除，然后，

使用 抬笔 积木抬起画笔，才能重新制作（角色1）的绘制

脚本。记得先删除刚才用来说明画笔积木的使用方法的

 积木块。

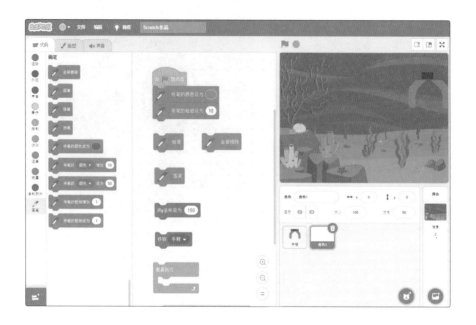

单击 🚩 按钮后，将画笔的颜色设为 ⬭，将画笔的粗细设置为10。请使用上图中的6个积木制作下面的脚本。

从 🔲 的上方到舞台顶端显示 ⬭ 颜色、粗细为10的直线。即使 🔲 左右上下移动，从 🔲 的上方到舞台顶端也会一直显示直线。

感觉这次的问题很难。

画笔中的积木确实有些不太容易使用。我们先考虑编写"从停止的 🔲 的上方到舞台顶端绘制 ⬭ 颜色粗细为10的直线"的脚本吧。

执行 移到 手臂 ▾ 移动到 ⌒ 的中心，然后执行 落笔 开始绘制
手臂
图形，通过 将y坐标设为 180 积木使画笔移动到舞台顶部不就可以
了吗？

 可能是这样吧！虽然脚本只写了一半，但是单击 🚩 按钮运
行一下吧。

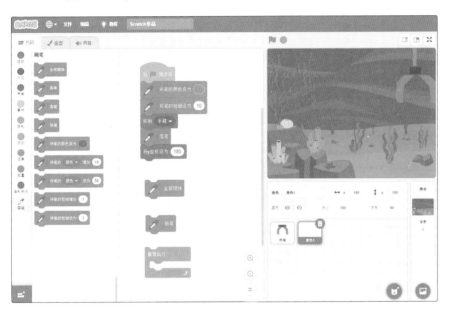

 太好了！

 画笔绘制出来的图形，与其他角色相比在更靠后的图层。

洁月，你注意到了。因为画笔是在舞台上绘制图形，所以
比其他角色更靠后一些。

虽然脚本还没有完成，但试着执行脚本，看看单击舞台区

的话， 是否会向左移动吧。

 说得不错！

 汪！

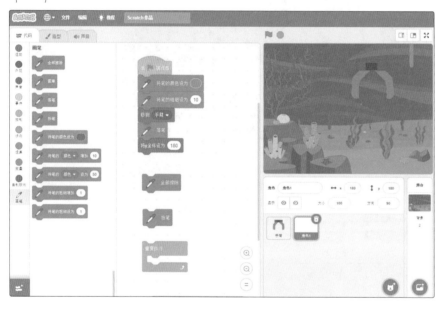

 果然，画笔绘制出的直线是不会移动的。

使用剩下的3个积木可以让画笔绘制的直线移动。因为直线
是通过画笔在舞台上绘制出来的，所以不能使用 ● 运动分
类等积木移动它。但是你可以使用画笔中的积木实现直线
的移动效果。

把  放到 中，怎么样？

这样的话， 就剩下了啊。

如果不能使用 ● 运动分类等中的积木移动绘制的图形，就使用 反复执行擦除和停止绘图操作，这样绘制的直线不就可以移动了吗。

太棒了，没错。

使用 移动到舞台上端后，不用再画直线时，可能会用到 积木吧。

汪！

是啊。既然有想法了，那就试试看吧！完成后，单击 按钮运行一下。

太好了！成功了！

很棒，完成得不错。画笔的使用不太容易掌握，但是大家都做得很好。

接下来要开始制作UFO捕手的奖品了吧。

汪！汪！

既然背景是海底，就添加海底的生物吧。让鱼儿在海里游来游去怎么样？

真好。游戏机房里的UFO捕手奖品是不会动的，但是在Scratch里就可以。

将鼠标放在右下角的 图标上，然后再单击 进入

Scratch角色库添加角色吧！

在"动物"分类中选择 角色。

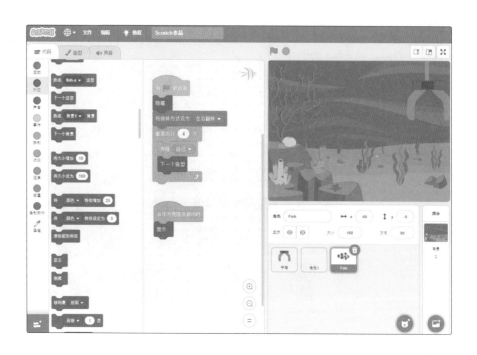

首先单击 🚩 的话，会将 隐藏起来，并通过

 设置左右翻转，反复执行4次 克隆 自己▼ 和

下一个造型，同时也会执行 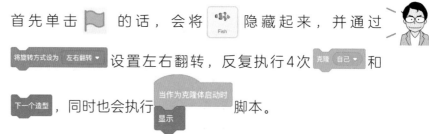 脚本。

我做好了！

那你觉得单击 🚩 按钮后会怎么样？

会先执行  再执行 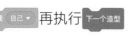， 有4种不同的造型，

不同造型的 会不会都出现在舞台上呢？

因为 当作为克隆体启动时 的下面只有 显示 积木，所以我觉得不同造

型的 可能会在舞台上重叠显示。

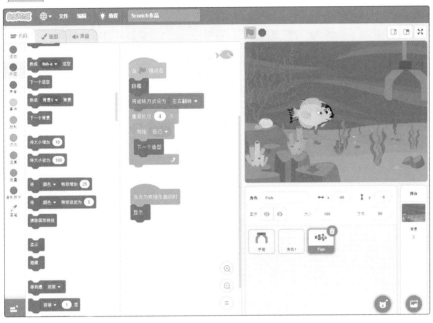 那我们来单击 ⚑ 确认一下吧。

和大家预想的一样。

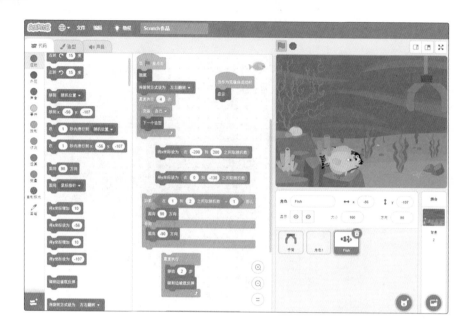

请在 的下面，使用上图中的4个积木制作下面的脚本。

被克隆的 出现在X坐标-200到200、Y坐标0到-130的某个地方，面向右或面向左，重复每次移动2步，到达一端后反弹。

和 外星人 的脚本很相似。

是啊。

哇！你们做过 的射击游戏啊！下次告诉我怎么做的吧。

 没问题。

朋友之间相互学习是一件很好的事情。通过相互学习，可 以加深对编程的理解。

通过 `将x坐标设为 在 -200 和 200 之间取随机数` 将 Fish 的 X 坐 标 设 置 为-200到200的某个值，通过 `将y坐标设为 在 0 和 -130 之间取随机数` 将 Fish 的Y坐标设置为0到-130的某个值。

面向右或面向左通过 `面向 90 方向` 和 `面向 -90 方向` 来实现，所以需 要 `如果 在 1 和 2 之间取随机数 = 1 那么 面向 90 方向 面向 -90 方向` 积木块。 `在 1 和 2 之间取随机数` 会随 机生成1或2，当 `在 1 和 2 之间取随机数 = 1` 的条件成立时， 会执行 `面向 90 方向` 积木，面向右；生成2的话，会执行 `面向 -90 方向` 积木，面向左。

洁月说得不错。

 洁月还是那么厉害啊。

最后再添加 就完成了。单击 试试吧。

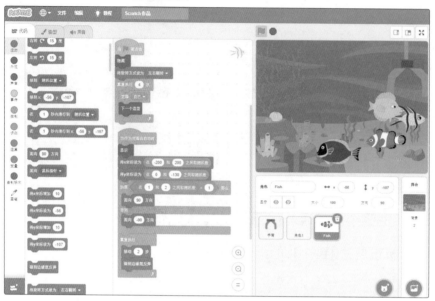

 出现了4种造型的  在海里左右移动！

汪！汪！

 同学们做出了正确的脚本呢。

 终于要制作 抓住 的脚本了。

282

为了能让 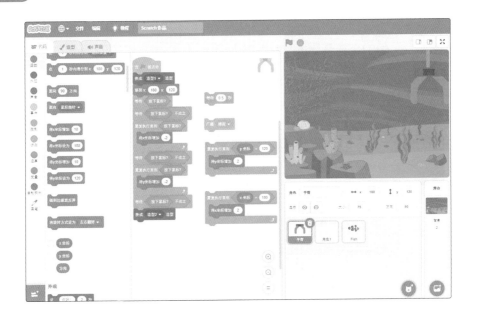 抓住 Fish，我们需要分别在 手臂 和 Fish 中追加脚本。首先，在 手臂 中追加脚本吧。

问题5

单击 🏳 后，第一次单击时捕手向左移动，第二次单击时向下移动，第三次单击时将造型变成 造型2 128×132，请使用上图中的积木制作下面的脚本。

发送"捕捉"消息，等待0.5秒，然后向上移动，直到Y坐标＝120，再向右移动，直到X坐标＝180。

按照"**发送'捕捉'消息，等待0.5秒**"这样添加积木就可以了。

不用积木中的"捕捉"这个词也可以吧。

当然可以呀。单击  的 消息1 部分，在  列

表中单击 新消息 就可以创建一个自己喜欢的消息名称。

 Y坐标表示上下位置，X坐标表示左右位置，所以

 表示在满足 y坐标 = 120 的条件之前会向上

移动， 表示在满足 x坐标 = 180 的条件之前

会向右移动。

请同学们完成后单击 按钮。

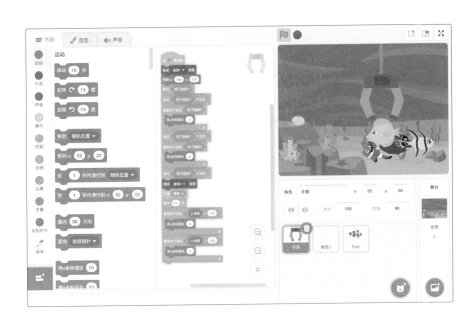

 变成 之后，会回到原来的地方（舞台右上角）！

对，就是这样。

 但是并没有抓到  。

 是啊。添加 广播 捕捉 ▾ 积木的作用是什么呢？

 通过 广播 捕捉 ▾ 积木可以告诉捕手抓住 ■ Fish 的时机呀。在捕

手的造型变成 造型2 126 x 132 后发送这个消息。

制作「UFO捕手游戏」吧！

说得没错。现在我们将 "收到'捕捉'消息"的脚本

添加到 Fish 中吧。

问题6

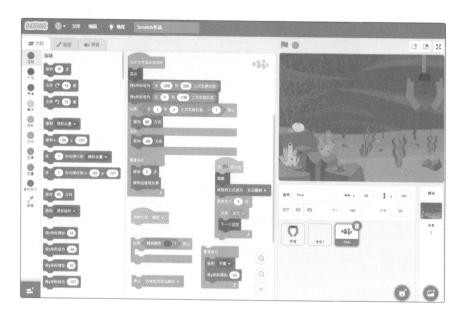

请使用上图中的4个积木制作下面的脚本。

当收到"捕捉"消息时，如果 Fish 接触到 ⬤ 颜色，就停止该角色的其
他脚本，一直到 手臂 向下移动50像素。

⬤ 是 造型2 126×132 手臂末端 ✦ 的颜色。

如果你想设置  积木中的颜色，可以单击

 中的 部分， 就会显示出来，然后选择

工具，在舞台上选择手臂末端的颜色  就可

以了。

 在发送"捕捉"消息的时候，  的造型是 。也就是

说， 执行时，如果 碰到 手臂末端的

颜色，就可以认为 抓住了 。

如果 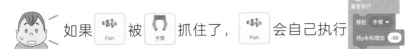 被 抓住了， 会自己执行  脚本

和 一起移动吗？

通过  积木可以停止 的其他脚本，如果

 在 碰到颜色 ● ? 积木条件成立后马上停止其他脚本，那

么 就不做横向移动了。

请同学们单击 🏳 按钮，确认一下自己的想法是否正确。

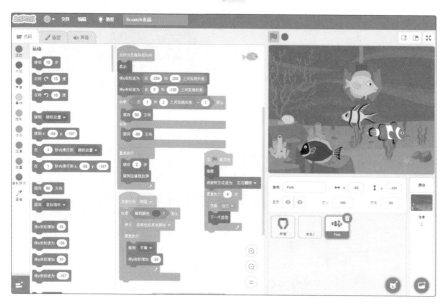

太好了！终于抓住 了！

汪汪！

旺财好像也很高兴呢。如果我们将操作 🖐 的 按下鼠标? 积

木改成 响度 > 30 的话，旺财也能一起玩UFO捕手游戏哦。

积木有什么作用呀？

使用 积木，计算机的麦克风能告诉你听到的声音的大小是多少。我们之前在制作声音游戏的时候使用过。使用这个积木可以代替单击鼠标，我们可以通过发出声响的高低操作  哦。

 换成 响度 > 30，等待 按下鼠标？和 等待 按下鼠标？ 不成立 换成 等待 响度 > 30 和 等待 响度 > 30 不成立 就行了。

为了让旺财也能玩游戏，赶紧试试吧！

汪！汪！汪！

那就更改一下吧。单击 试试。

汪！

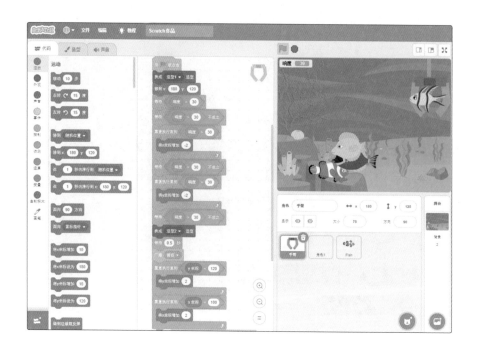

  在旺财的叫声中移动抓住了小鱼。

 旺财好厉害！

 哇噢！

恭喜大家完成了UFO捕手游戏。

 抓住了一条鱼。

 我抓住了两条。

制作『横向滚动游戏』吧！

第**10**课

在这里学习如何切换造型。

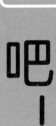

横向滚动游戏
是什么？

 大翔，什么是横向滚动游戏？

 它是动作游戏的一个种类。可以通过按钮等操作角色，清除障碍、敌人、陷阱等。《超级马里奥》就是横向滚动游戏。

 为什么叫横向滚动游戏呢？

因为游戏中的角色会一边朝一个方向走，一边通过关卡。除了马里奥，还有很多有名的横向滚动游戏。

 呃，我只知道《超级马里奥》……

 这样啊。游戏明明那么有趣。

大家好，今天连旺财都来了，看来大家都到齐了。你们在聊什么呢？

 我们在讨论横向滚动游戏。

啊，这种类型的游戏很不错呢。那我们这次也来制作一个横向滚动游戏吧！

真的吗？Scratch也能做出横向滚动游戏吗？

 汪！

真的，没问题！

第 10 课
制作『横向滚动游戏』吧！

一起制作"横向滚动游戏"吧！

扫码看视频

> 上井以为自己变成了马里奥，用力地跳了起来。大家也都在为横向滚动游戏的主人公加油助威。

请单击 缩略图右上角的删除标志删除这个小猫角

色。然后，将鼠标指针放在界面右下角的 图标上，再

单击 进入Scratch角色库选择角色。

在"奇幻"分类中选择 角色。

  虽然有四种造型  ，但是除了

造型，其他都是跑步的造型。

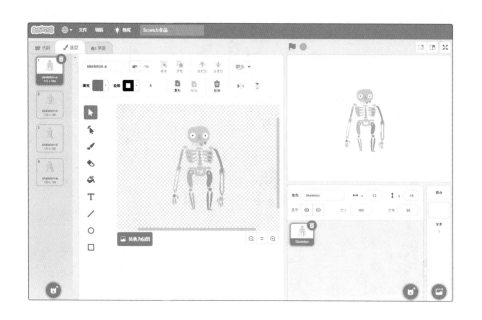

是啊。  这三个造型保持原样，我们可以稍

微修改一下  造型。

我可以试试吗？

可以呀！请单击 的左上角，按住鼠标左键不要松开，

一直拖动到角色的右下角，这时，你会看到四边形的虚线

框。如果只是圈住了角色的一部分，那么其他部分就不会

在选择范围之内。

  的手臂部分被虚线包围之后，我松开手指，这时，就

只有手臂的部分被选择了。

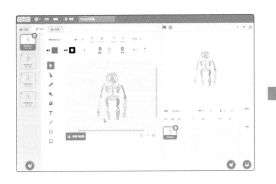
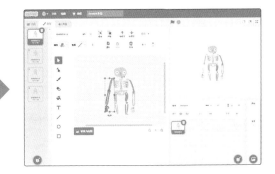

 拖动 的 部分，手臂会向一侧伸展。

 这样可以吗？

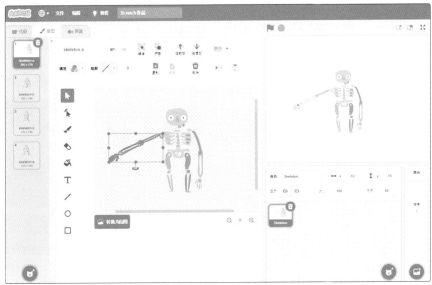

做得不错。让另一只手和两只脚也向外伸展吧。

 做好了！

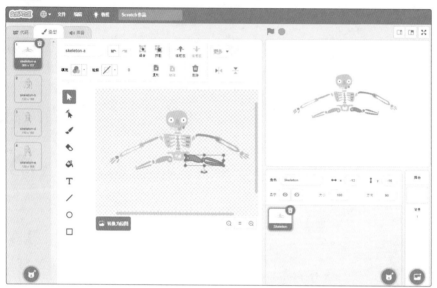

完美！接下来，制作地面的角色，将鼠标指针放在右下角

的 图标上，再单击 绘制一个角色。

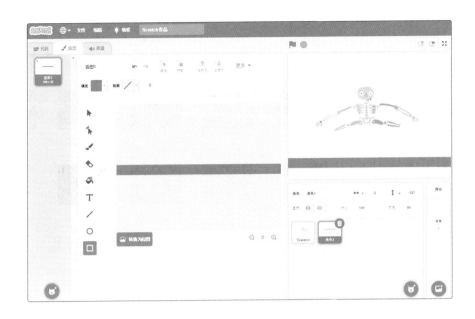

用矩形工具 绘制一个细长的长方形角色。

 完成啦！

接下来我们添加背景。将鼠标指针放在右下角的 图标上，然后单击 进入Scratch背景库，在"太空"分类中

选择 背景。

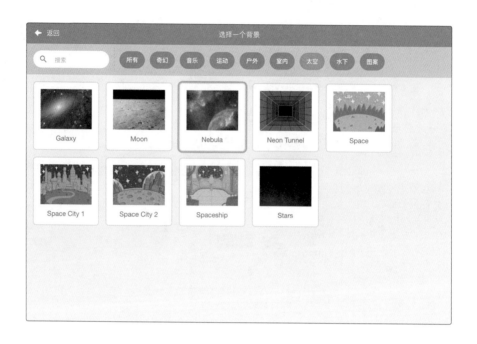

我们先来制作 的脚本吧。请制作"**X坐标=0，Y坐标=0，将角色移动到最前面，使虚像的效果变成25**"的脚本。

实现虚像效果的积木在 ● 外观分类中，单击

积木的 颜色▼ 部分，在 中选择 虚像 ，将0修改

为25……完成了！

那么，单击 按钮运行一下吧。

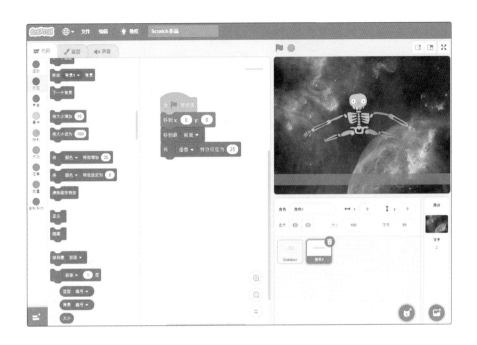

变得稍微有些透明了，可以看到它后面的背景。原来，

将 虚像 ▾ 特效设定为 25 积木可以实现角色变透明的效果。

对的。这个积木有颜色、鱼眼、漩涡、像素化、马赛克、
亮度和虚像7种图像效果，同学们也要尝试一下其他的效
果哦。

接下来，请将鼠标指针放在右下角的 图标上，再单击

图标添加一个新的角色。

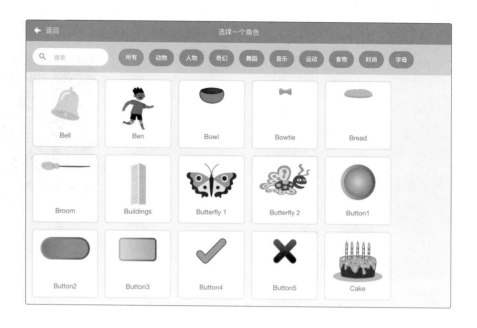

添加 角色，制作"**X坐标=100，Y坐标=45，移动到最后面，使虚像的效果变成25**"脚本。

这次，我想来完成这个脚本！

那 的脚本就由大翔来完成吧！

 积木在 ● 外观分类中，单击 **移到最 前面 ▼** 积木的 **前面 ▼** 部分，在 **前面 / 后面** 中选择 **后面** 就可以了。

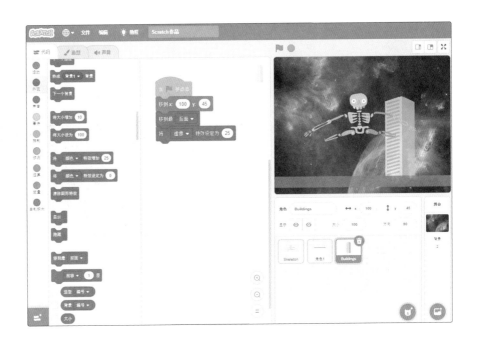

 完成了！大楼也变得有些透明了。

因为使用了 移到最 后面▼ 积木，与  Skeleton 和 角色1 相比， Buildings 的

图层更靠后。如果 Buildings 变得比 角色1 高的话，请修改它的Y

坐标的值。

问题1

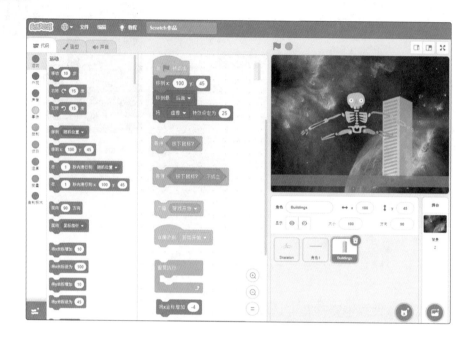

在"单击 ▶ 按钮，X坐标=100,Y坐标=45，移动到最后面的图层，虚像的效果为25"的脚本下面，使用上图中的6个积木制作下面的脚本。

单击舞台后，发送"游戏开始"的消息，在收到消息后继续向左移动。

可以将 等待 按下鼠标? 和 等待 按下鼠标? 不成立 拼接起来变成 等待 按下鼠标? / 等待 按下鼠标? 不成立 积木块。

嗯，这是制作UFO捕手游戏时用过的积木。

想要使 积木成立的话，只要单击舞台区就可以了。与之相对的是 ，如果想要满足这个积木块成立的条件，单击后手指松开鼠标左键就可以了。

单击 积木的 消息1 部分，从  中选择 新消息 就可以创建自己喜欢的消息名称了。

 发送的"游戏开始"的消息应该可以通过 来接收吧。

可以的。

但是，为什么自己需要接收自己发送的消息呢？

"游戏开始"的消息也会用在其他角色上吧。

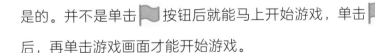

是的。并不是单击 ⚑ 按钮后就能马上开始游戏，单击 ⚑ 后，再单击游戏画面才能开始游戏。

脚本完成后，单击 ⚑，再单击游戏画面就可以啦！

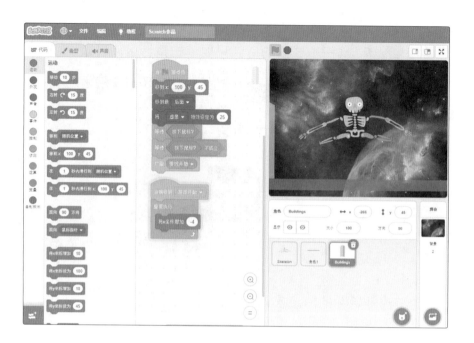

 单击游戏画面后， 就开始向左移动了。

但是 的X坐标变成了-266，到边界了。

 如果 的X坐标达到 成立的条件，可以让它瞬间移动到 的位置，然后再从右向左移动。

 太好了。重复从右向左移动的话，看起来好像在动。

每次瞬间移动到 的位置时，可以使用 改变

 的造型。

 主意不错。脚本的话，就按照这样 拼接吧。

大家一个接一个地想出了新的点子，都很不错。在提出问

题之前，自己独立思考是很重要的。脚本完成后，请单击

按钮，再单击游戏界面。

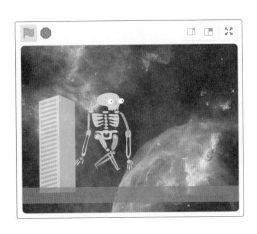

从右向左移动消失在左侧后，会有不同造型的 又从右侧出现了。

 效果和大家想的一样吗？

 嗯！

 汪！

 大家把自己的想法都转化成脚本实现了呢。把自己的想法变成现实的实践能力、想象力和创造力，在今后的社会发展中是非常重要的。

 难道说，想象力和创造力比AI更厉害吗？

 没错。如果AI被广泛使用的话，人类会将重复性的工作交给机器人和计算机，而需要想象力和创造力的工作仍离不开人。

 人类的工作不会被机器人和计算机夺走，那我稍微安心了。

 在未来，机器人和计算机将会更加贴近我们的生活。

 汪！汪！

 你是在吃醋吗？

 哈哈哈哈哈。

同学们，接下来要做什么呢？

 使用 积木，让 看起来能动。

 执行   的话，这些  造型会顺序

显示。 的造型也显示出来，动作会变得很奇怪。

 把脚本换成  这样就好了吧。

当同学们想检查拼接好的积木效果时，可以单击拼接积木 最上面的那个积木，这在编程中检查执行效果时更有效率。需要注意的是，在Scratch中，一个完整脚本的开头必须要有帽块。

 我明白了。如果我想检查这个积木块的执行效果，就单击

拼接在这个积木块最上面的 ，然后……

 哎？ 的造型并没有变化啊。

制作「横向滚动游戏」吧！

为什么呢？如果追加 积木的话， 的造型应该

会改变的吧。追加积木后，再单击最上面的积木试试。

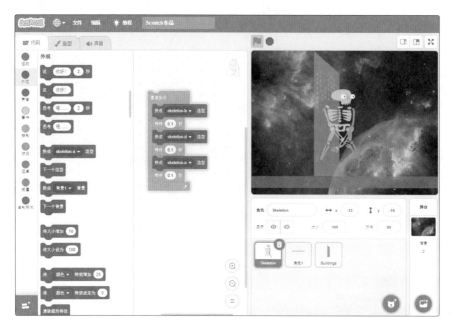

 和大翔预想的一样， 的造型在不断地切换，看起来就

像是在跑步。

真是太棒了，正确地实现了脚本。其实，改变 造型的

方法还有很多。这里需要用到数学知识，你们有兴趣吗？

 啊？数学？

虽说是数学知识，但也只涉及加法和除法的使用。

 啊，竟然需要用到加法和除法的知识来编程。

上井有兴趣吗？

 老师，请告诉我们使用加法和除法来切换 造型的方法。

 阿甘的数学不是很好吗？

那我来出个问题吧。

问题2

请使用上图中的6个积木制作下面的脚本。

在收到"游戏开始"的消息后，除了 ，其余三个   造型被反复切换。

你可以直接使用Scratch准备好的变量 `我的变量` ，也可以建立一个自己喜欢的变量，都没有问题。

看起来挺难的。

嗯。 `我的变量 除以 3 的余数` 积木中的变量除以3，不管 `我的变量` 是什么样的值，余数都是0、1、2。

是这样吗？我知道造型可以用编号指定，所以可以用0、1、2来指定角色的造型？

但是，并没有编号为0的造型啊。

老师，给点提示吧。

不仅用到了除法，还有加法哦。

我知道了！将 `2 + ( )` 和 `我的变量 除以 3 的余数` 拼接在一起，这样2+0、2+1和2+2就变成了2、3、4，正好和 造型编号一致。

回答正确。

如果 我的变量 的值通过 将 我的变量 ▼ 增加 1 积木每次增加1，

2 ▼ 我的变量 除以 3 的余数 就会重复得到2、3、4，2、3、4，2、

3、4。

脚本完成的话，可以查看一下效果，请单击 🚩 按钮后再单

击游戏界面，脚本会发送"游戏开始"的消息。

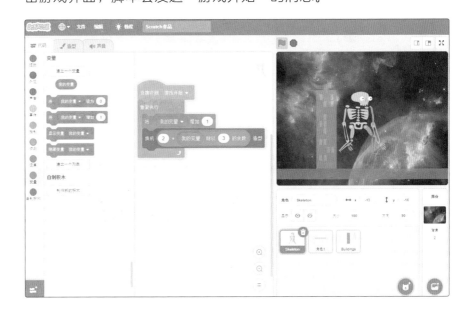

做到了！

完成了。 的造型和预想的一样发生了改变。

太棒了，做对了。

制作『横向滚动游戏』吧！

和 一样，也要确定 的虚像效果和坐标位置。

真好啊。

将它的大小稍微调小一点，怎么样？

单击 按钮后，如果显示的造型是 会很奇怪，所以
也需要对造型进行设定。

老师，我们做好了！

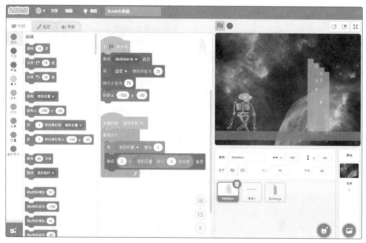

 同学们真是太棒了。通过自己的思考，将想法实现了呢。

现在，请单击 按钮，然后单击游戏画面试试效果吧。

另外，如果  变得比 更高的话，请更改Y坐标的值。

  的大小和位置感觉刚刚好呢。

  需要跳跃来躲避从右向左方向的障碍物，这样就变成
了横向滚动游戏。

 感觉还不错！

 如果只是躲避障碍物的话就没意思了，我想增加一个躲避
成功就能得分的功能。

大翔有好多关于游戏的新想法哦。

 不愧是游戏玩家。

 汪！汪！

那我们来制作跳跃的脚本吧。首先单击 自制积木分类中的 制作新的积木 按钮制作一个名为"跳跃"的自定义积木。同学们也可以起其他的名字。

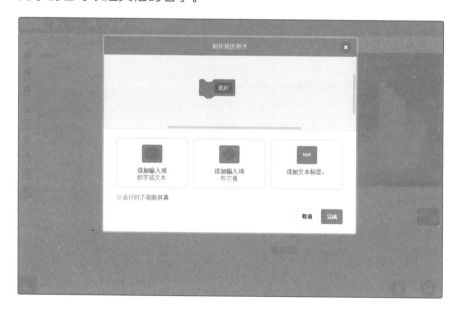

 制作跳跃脚本的时候，一定要用自定义的积木吗？

并不是。为了让脚本更容易看懂，才使用的自定义积木。

 原来是这样啊。

那关于跳跃的脚本也以问题的形式呈现吧。

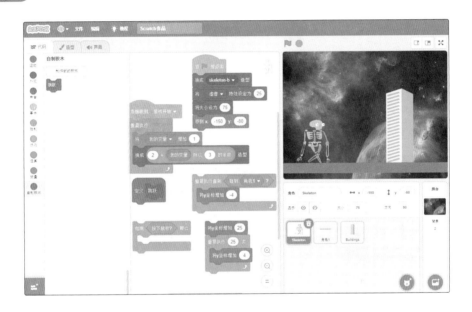

在"收到'游戏开始'的消息后按 ![2][3][4] 的顺序切换造型"脚本中

追加自定义积木 跳跃 ，请使用上图中的4个积木制作下面的脚本。

执行自定义积木 定义 跳跃 ，使 Skeleton 在执行自定义积木 跳跃 时跳跃。

通过  中的 将y坐标增加 25 积木可以将  向上大幅度移

动（向上移动25像素），之后将 将y坐标增加 4 重复25次进行小

幅度移动（向上移动4像素），看起来就是向上跳跃的运动。

 是的。与此相对的是 ，它控制角色向下

移动。

 满足 碰到 角色1 ▼ ? 积木的条件表示碰到了 角色1 ，所以

在接触 角色1 后，不再执行 将y坐标增加 -4 向下移动。

在 如果 按下鼠标? 那么 中加入向上移动和向下移动的脚本后，单

击游戏界面 Skeleton 就会跳跃。

 把上面的脚本拼接到自定义积木 定义 跳跃 的下面就可以了吗？

同学们完成脚本后，请单击 ▶ 按钮，然后再单击游戏画

面，脚本就会发送"游戏开始"的消息。

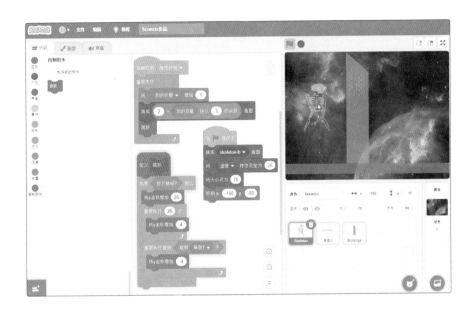

 太好了！ 跑起来了，当使用鼠标单击游戏画面，它就
会跳起来！

脚本编写得不错。执行 跳跃 这个自定义积木的话，就会执
行连接到 定义 跳跃 下面的跳跃脚本。

 但是并没有使用修改过的造型 。

 这么一说，的确是这样。

 把 跳跃的造型换成 吧。

在跳跃的过程中，向上移动的时候换成 造型，向

下移动的时候设定成其他造型就好了。

 下落的时候执行  的话，就会变成

 造型中的一种。

 不愧是阿甘。

 添加声音吧。 的声音怎么样？

 汪！汪！

 谢谢你，旺财。

上井和旺财的关系也变得融洽了呢。

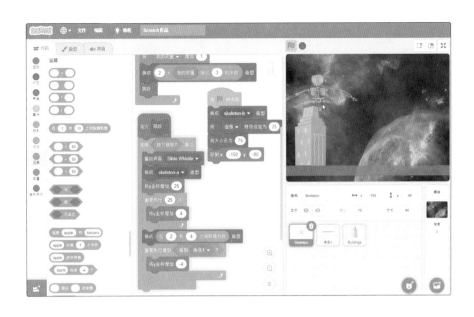

 完成了！单击 🚩 之后再单击游戏画面，发送"游戏开始"
的消息吧！

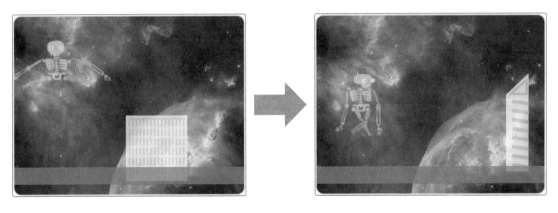

 单击游戏画面， 变成了  造型哟！

 下落的时候又换成了 造型。

制作『横向滚动游戏』吧！

也会有变成  造型的时候吧。

没错。你们把自己的想法都实现了。

 接下来就开始制作大翔所说的从右向左移动的障碍物吧。
先从添加一个新角色开始吧。

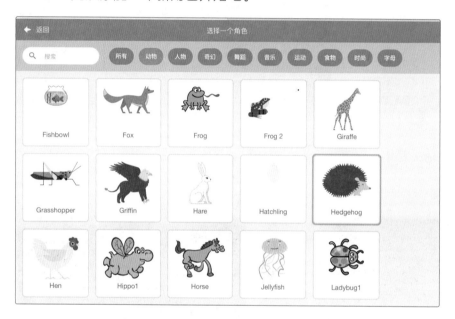

 好可爱，就选 吧。

真好啊。想实现 从右向左移动的话，使用的脚本应该

和 Buildings 的脚本差不多吧。

与其再从头开始做，还不如修改  的脚本。

是个不错的主意。

 最好可以在单击 🚩 后就开始改变坐标值进行移动，并且利

用  积木让  的移动速度比  更快。

 我觉得利用 将x坐标设为 250 积木瞬间移动到X坐标=250的位置

后，也可以没有 下一个造型 。

完成脚本后，单击 🚩 按钮，再单击游戏界面，试着开始游

戏吧。

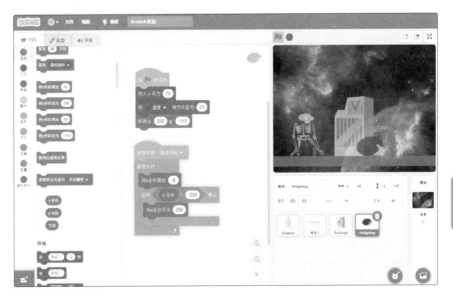

 哎？ 在向后移动。

看来还是得用 面向 -90 方向 积木改变 的移动方向。

 将旋转方式设为 左右翻转 也是必须要用的。

 没错。

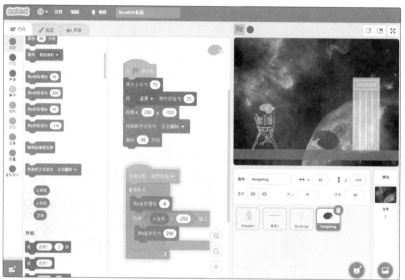

 太好了！完成了！

 汪！汪！

大家学会自己解决脚本出现的问题了。使用 面向 -90 方向 指定

角色方向后， 移动 6 步 也可以替代 将x坐标增加 -6 。

326

选择 ，在 造型 中看一下它的造型吧。

有5种造型呢。

这些造型都好可爱啊！但是，在这次横向滚动游戏中，只需要脚的造型不同的 和 就可以了。其实，我想把它的所有造型都使用一遍……

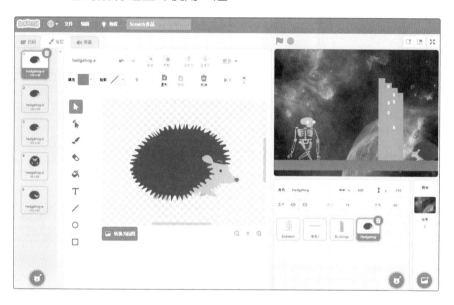

和编写 的脚本时一样，使用加法和除法的余数，交替显示 和 两个造型。

这次只用 和 两个造型，可以把其他的造型删掉了。

嗯。这时，如果使用 积木来切换 和 造型的话，就会看到 的脚在动。

汪！

 的脚在来回移动，太可爱了！

脚本编写得不错。另外， 和 的脚本中拼接 的位置不同。 在瞬间移动到X坐标=250的位置后改变造型，而 在 中追加了 ，所以角色看起来像动画一样变换造型。

接下来再添加一个角色，获得它后，得分就会增加。

 我觉得 很适合。

 的脚本和 的差不多就行了。

只要单击 🚩 后改变开始的坐标位置，其他的用同样的脚本就可以了。

 将坐标的位置改为 ，单击 🚩 后，再单击游戏画面就会发送"游戏开始"的消息了。

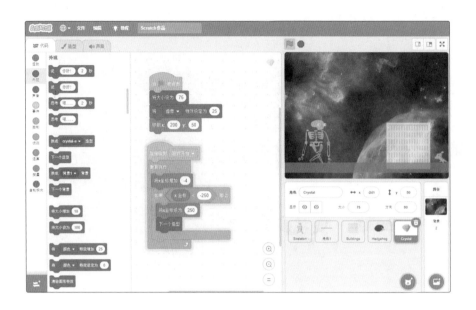

哎？ 在X坐标=-240的位置开始不动了，这是为什么？

在Scratch中，由于角色大小的不同，可移动的坐标范围也是不同的。 可以移动到X坐标=-250的位置，而 只能移动到X坐标=-240的位置。

因为 Crystal 只移动到X坐标=-240的位置，不能满足
 的条件，所以没有瞬间移动到 将x坐标设为 250 的位置。

那就换成 x坐标 < -230 和 将x坐标设为 230 吧。

请同学们单击 后，单击游戏画面，发送"游戏开始"的消息。

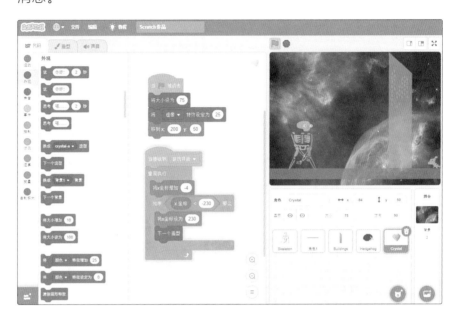

  瞬间移动到了 将x坐标设为 230 的位置，造型也改变了。

脚本修改得不错。

最后再来制作一个脚本。如果 碰到了 ⚫ Hedgehog，游戏就结束。如果 🦴 Skeleton 碰到了 💎 Crystal，得分就会增加。

问题4

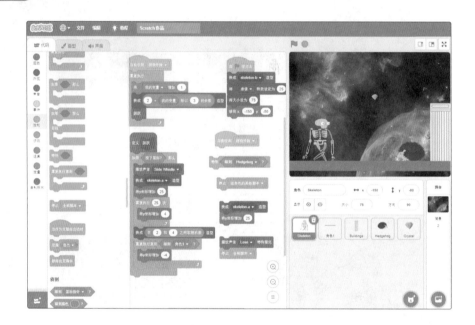

在 🦴 Skeleton 的脚本中，请使用上图中的5个积木，制作下面的脚本。

在收到"游戏开始"的消息后，如果碰到 ⚫ Hedgehog，就把造型换成 🦴 skeleton-a 296 x 127，向上移动25像素后，发出Lose的声音，然后停止所有的脚本。

"如果碰到 " 可以通过 来实现。

碰到 的话， 下面拼接的脚本就会被执行。

如果在  的下面拼接 的话，

 就会变成 的造型，并且向上移动。

之后，我觉得再拼接  就可以了，那

 要用在哪里呢？

我们先不使用 ，试着运行脚本看看效果。

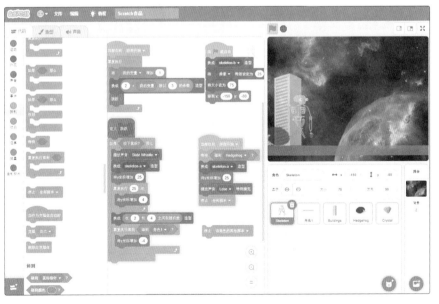

哎？即使碰到了 ， 的造型也会继续切换。

 为了停止造型的切换，看来这个 停止 该角色的其他脚本 ▼ 积木是必须要用到的。

 我想实现"一碰到 就马上停止更换造型"的效果，可以试着在 等待 碰到 Hedgehog ▼ ? 的下面拼接 停止 该角色的其他脚本 ▼ 。

请同学们单击 ▶ 后，单击游戏界面，试试运行效果吧。

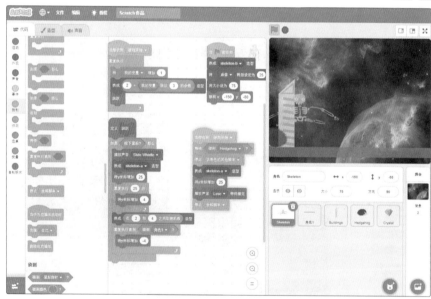

太好了！碰到 的话， 的造型变成了 ，Lose 的声音响了之后，所有的脚本都停止运行了。

 哇噢！

 恭喜同学们正确地完成了脚本的编写。

 老师，我们可以自己思考完成" 碰到 就得分"的 脚本吗？

 当然可以了。能自己独立思考是很重要的哦。

 用 的脚本来实现" 碰到 就得分"的效果吧。

 好啊。想要设置得分，变量是必须要有的。我们来制作名 为"得分"的变量吧。

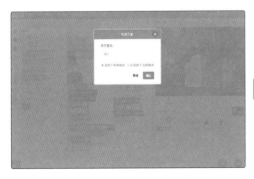

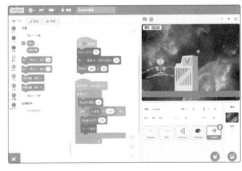

第10课

制作『横向滚动游戏』吧！

335

碰到 ，从 的角度看，就是接触到了 。

 是啊。如果在  中添加  ，那么

当 碰到 时，得分就会增加1。

 然后，瞬间移动到 后执行 不是更好吗？

 如果 连续碰到 的话，得分就会以1的速度连续

增加。

 再加上 播放声音 collect ▼ 吧。

 不错。在 当 ▶ 被点击 之后添加 将 得分 ▼ 设为 0 ，让"得分"在游

戏开始时重置为0就完成了。

完成脚本后，单击 ▶ ，再单击游戏界面，看一下执行效果
是什么样的吧。

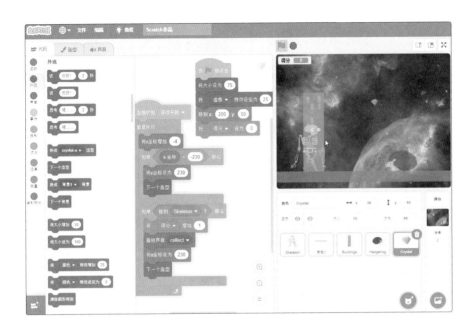

 使用鼠标单击游戏画面获取 ，得分真的提高了！

  太好了！

 汪！

恭喜同学们完成了横向滚动游戏。

 大家快来一起玩游戏吧。

 对阿甘来说，这是第一次玩横向滚动游戏吧。

玩了几次游戏后，我觉得我们可以修改 的跳跃脚本，让

旺财也能参与到这个游戏中。把 换成

就可以了。

执行 可以让 跳跃，这样旺财也能和我们一起

玩游戏了。谢谢你的提议，上井。

汪汪!

刺猬冲过来了。

 通过跳跃避开了刺猬。

 获得宝石后得分也提高了！

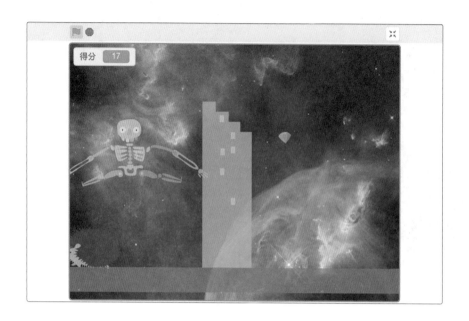

 完美的跳跃！

 唉！碰到了刺猬。

···· 计算机和Scratch术语说明 ····

A-Z

AR（Augmented Reality，增强现实）技术
通过在现实风景上重叠显示虚拟影像等，将眼前景象虚拟地扩展的技术。

Chrome、Safari
在平板计算机或个人计算机上浏览网页时使用的浏览器（软件）。无论是平板计算机还是个人计算机，Chrome和Safari都支持Scratch。

VR（Augmented Reality，虚拟现实）技术
是一种将计算机制作的虚拟世界让人们感受到像体验现实世界一样的技术。

b

背景
舞台上角色背后显示的图像。Scratch的背景库中有很多背景，可以自由选择使用。

并行处理
指同时进行多个工作（作业）的处理。在计算机中，通常通过并行处理来进行作业。

c

串行处理
是指按顺序逐一进行各个工作（作业）的处理。

f

分类
在Scratch中，根据用途将积木分成9类，分别是运动、外观、声音、事件、控制、侦测、运算、变量、自制积木。

j

积木块
以积木的形式实现不同功能的脚本。Scratch中主要有八种类型的积木，分别是运动、外观、声音、事件、控制、侦测、运算、变量。

积木块区域
将积木按不同类别显示的区域。可以从该区域拖放积木到脚本区，通过组合不同的积木制作脚本。

角色
在舞台上显示的各种各样的图像。Scratch角色库中为我们提供了各种各样的角色，可以自由选择。你也可以使用自己准备的角色，或者绘制一个角色。

角色信息区
描述角色的名称、X坐标、Y坐标、大小、方向、显示、隐藏等信息的区域。

脚本
指控制角色的程序。在Scratch中，通过组合不同的积木来制作脚本。

脚本区

是移动积木、拼接积木、制作程序的区域，在这里编写脚本。

w

网页浏览器

用计算机或手机上网浏览网页时使用的应用程序。Scratch 3.0支持的浏览器有Chrome、Safari、Firefox、Microsoft Edge。

m

帽块（事件积木）

指控制脚本开始执行的积木，是Scratch积木中的一种。积木的左上角是圆弧形的，一定会被拼接在脚本的最前面。

s

缩略图

缩小显示的角色图像。角色以缩略图的形式显示在Scratch角色区的角色列表中。

t

图层

将图像等元素重叠使用时的层级。

图形编辑器

是Scratch附带的、可以绘制图像的应用程序。

拖放

在计算机中，将鼠标指针放置到想要移动的图标上，按住鼠标左键然后移动鼠标，在想要移动到的地方松开按键，从而实现图标移动的操作。

x

像素

是计算机处理图像时的最小单位。在Scratch中，横向480像素，纵向360像素。例如，当你执行 移动 10 步 积木时，角色可以移动10像素。

z

造型

是该角色的其他图像。通常，为了对一个角色切换图像，会准备4个造型。

自变量

指在计算机程序中使用的数值。在Scratch的积木块中能够输入数字和文字的部分可以作为自变量。